彩插1　果树生产现代化温室

1

彩插2　果树生产日光温室

彩插3 果树生产中国式连栋大棚

彩插4　设施草莓栽培

彩插5　设施葡萄栽培

彩插6　设施桃栽培

彩插7　设施樱桃栽培

彩插8　设施杏栽培

家庭农场实用技术系列

设施果树栽培技术

设施园艺省部共建教育部重点实验室　组织编写
丛书主编　李天来
本书主编　杜国栋

中原农民出版社
·郑州·

图书在版编目(CIP)数据

设施果树栽培技术/杜国栋主编. —郑州:中原
农民出版社,2015.7
(家庭农场实用技术系列)
ISBN 978 - 7 - 5542 - 1254 - 7

Ⅰ.①设… Ⅱ.①杜… Ⅲ.①果树园艺—设施农业
Ⅳ.①S628
中国版本图书馆 CIP 数据核字(2015)第 162139 号

出版:中原农民出版社　　　　网址:http://www.zynm.com
地址:郑州市经五路 66 号　　　电话:0371 - 65751257
邮政编码:450002
发行单位:全国新华书店
承印单位:新乡市豫北印务有限公司
投稿信箱:djj65388962@163.com
交流 QQ:895838186
策划编辑电话:13937196613
邮购热线:0371 - 65724566
开本:787mm × 1092mm　　　　1/16
印张:15
字数:316 千字　　　　　　　　插页:8
版次:2016 年 1 月第 1 版　　　印次:2016 年 1 月第 1 次印刷

书号:ISBN 978 - 7 - 5542 - 1254 - 7　　　　　定价:58.00 元

家庭农场丛书编委会

顾　问（按姓氏笔画排序）

方智远　刘凤之　刘军璞　许　勇　朱启臻　杜永臣
李　玉　张志斌　张新友　张真和　郭天财　程家瑜

主　任　李天来

副主任（按姓氏笔画排序）

卫文星　王秀峰　史宣杰　丛佩华　刘厚诚　刘崇怀
齐红岩　孙小武　孙志强　孙红梅　朱伟岭　李保全
杨青华　汪大凯　沈火林　张玉亭　杜国栋　尚庆茂
屈　哲　段敬杰　徐小利　郭世荣　喻景权　鲁传涛

编　委（按姓氏笔画排序）

王　蕊　王吉庆　王利民　王寅寅　王锦霞　毛　丹
白义奎　乔晓军　刘义玲　刘晓宇　刘志琨　齐明芳
许　涛　许传强　汤丰收　吕三三　孙克刚　孙周平
李新峥　李宏宇　李志军　吴焕章　何莉莉　张恩平
范文丽　罗新兰　岳远振　赵　瑞　赵　玲　柳文慧
赵卫星　须　晖　姚秋菊　高秀岩　康源春　常高正
程根力　辜　松　董双宝　魏国强

本书编委会

主　编　杜国栋　沈阳农业大学
副主编　蔡　明　辽宁省桓仁满族自治县葡萄酒产业发展局
　　　　高秀岩　沈阳农业大学
编　者　程根力　辽宁省丹东市农业技术推广中心
　　　　李志军　辽宁省经济林研究所
　　　　刘志琨　河北省成安县综合职业技术学校
　　　　赵　玲　沈阳农业大学
　　　　吕三三　沈阳农业大学

前　言

　　我国设施果树栽培始于 20 世纪 50 年代,黑龙江省、辽宁省及北京市等地陆续开始设施果树栽培方面的研究工作。1978 年,以黑龙江省齐齐哈尔市园艺所在塑料大棚和加温日光温室内进行葡萄栽培获得成功为标志,我国设施果树栽培进入一个新的发展阶段。随着以塑料棚膜和日光温室为代表的主要保温材料及设施的广泛应用推广,设施果树栽培得到迅猛发展。20 世纪 90 年代,我国设施果树栽培在树种及品种选择、打破休眠技术及栽培模式等方面实现新的突破。1991 ~ 1998 年间,桃、樱桃、李、杏等树种设施栽培相继成功,生产中涌现出了许多丰产和高效的典型,产生了巨大的经济效益和社会效益,极大地促进了我国设施果树产业的快速发展。

　　自 20 世纪 90 年代以来,沈阳农业大学果树学科就开始尝试樱桃、草莓、葡萄、杏和桃等树种的设施栽培研究工作。经过多年的深入探索,逐渐摸清了设施内各树种的发育特性及对环境的适应条件,积累了许多宝贵的生产和管理经验,并逐步建立起了设施果树栽培技术体系,为设施果树生产提供了很好的参考。本书涵盖草莓、葡萄、桃、樱桃、杏等主要树种,在充分总结以往工作经验和失败教训的基础上,借鉴生产中的成功经验完成本书。由于作者对生产现状、存在问题的浅见,错误和不当之处在所难免,希望广大读者提出宝贵意见。

杜国栋

2015 年 9 月

前　言

目录

第二章　常用设施介绍

第三章 设施果树栽培调控技术

第四章 设施草莓栽培

第五章　设施葡萄栽培

第六章　设施桃栽培

第七章　设施樱桃栽培

第八章　设施杏栽培

第一章

行家说势

　　设施果树栽培作为一种较为新型的农业种植模式，在我国果树生产中起步较晚，栽培技术和环境调控管理方面还存在不完善之处，但取得的成绩和发展的前景令人瞩目。

设施栽培是果树栽培的一种特殊形式,是指在不适合果树生长的自然生态条件下,将果树置于各类设施内,利用各种人工调控措施,创造出适宜果树生长发育的小气候环境,使其正常生长结实的生产方式。设施果树栽培按生产性质可划分为以提早上市为目的的促成栽培,以延迟上市为目的的延迟栽培和以消除不良环境条件、提高果实产量和品质、防止裂果、防治病、虫、草、鸟、兽、鼠害等为目的的防护栽培三大类。而以提早上市为目的的设施果树栽培是目前最为广泛的栽培形式。

第一节　我国设施果树栽培的历史与现状

一、我国设施果树栽培的历史

20 世纪 50 年代,辽宁省、黑龙江省、北京市和天津市等地陆续开始进行设施果树栽培研究的尝试工作。1978 年,黑龙江省齐齐哈尔市园艺所在塑料大棚和加温日光温室内栽培葡萄获得成功。但受当时栽培技术成熟度和整体消费能力所限,一直没有进行大面积的推广工作。进入 20 世纪 90 年代后,新形成的高消费群体对季节性果品的需求增大,为设施果树栽培进一步发展提供了市场。其中,1991 年设施桃栽培在辽宁省获得成功,1994 年山东省莱阳地区设施樱桃栽培取得成功,1997 年设施李、杏栽培在山东省泰安市获得成功。至此,北方地区设施果树栽培步入一个全新阶段,极大地促进了我国设施果树产业的快速发展。

二、我国设施果树栽培的现状

20 世纪 90 年代中后期,随着我国设施果树栽培的迅速发展,果树种植地域得以迅速扩大。据不完全统计,截至 2013 年,全国设施果树面积超过 8.0 万公顷,面积和产量均位居世界第一位,已形成了以山东、辽宁、北京、河北等地为主要集聚区的设施果树栽培产区。辽宁省作为我国设施果树栽培的发源地之一,设施果树栽培面积超过 3.5 万公顷,形成以丹东草莓、营口和大连桃及北镇葡萄为主,樱桃、杏和李为辅的设施果树栽培商品生产基地。20 世纪 90 年代以来,山东省设施果树栽培发展最快,设施栽培面积已达 4.0 万公顷左右,位居全国第一,并逐步形成以草莓、桃和葡萄为主的规模化生产区域。随着避雨栽培和延迟栽培等栽培模式的研究与推广,以及设施果树栽培观光休闲功能的开发,湖南、江苏、上海、宁夏、甘肃等省区市的设施果树栽培也得到了较快发展,尤其以江苏、上海等南方经济发达地区的设施果树栽培发展势头更为迅猛。

我国设施果树类型以日光温室和塑料大棚为主,形成以促成栽培、半促成栽培为主,延迟栽培为辅,各种栽培模式共存的局面。我国设施果树栽培在早期丰产方面成绩卓著,涌现出诸如辽宁省丹东市的草莓定植9个月获得亩产7 000千克产量的高产典型,这些设施栽培成功的典型事例对我国设施果树栽培发展起到了积极的促进作用。

在设施果树栽培面积和产量迅速增长的同时,我国设施果树栽培中也出现了一定的问题,需要引起高度的重视:

(一)科研经费投入不足,技术研发缺乏动力

虽然我国设施果树发展很快,但各树种相应的配套栽培技术还有待完善,整体的科研投入还存在不足,一定程度上限制了我国设施果树栽培产业的发展步伐。为了尽快提升设施果树栽培技术水平,应加大对设施果树的科研投入,以及扩大对经营理论与技术研究的深度和广度,进一步增加设施果树生产的科技含量,推动设施果树生产的发展。

(二)栽培模式单一,市场竞争激烈,生产效益迅速下降

我国设施果树发展还存在生产模式过于单一,生产效益低下,市场竞争力不足等问题,极大地限制了产业的进一步发展。为了有效解决存在的问题,应加大引入新的树种品种力度,研究开发新的栽培模式与生产技术,拓宽经营渠道,找出自身的生态优势,研究开发和推广相应的栽培模式、生产技术和经营渠道。

(三)丰富的树种品种资源尚未得到开发利用

我国可开发利用的设施果树资源很多,但栽培中仅限于常见果树树种。今后,应进一步完善并推广设施草莓、樱桃、桃、葡萄、杏、李等快速高效生产技术,研究开发并逐步推广猕猴桃、柿、枣、梨等果树的设施栽培技术。在品种选择上,除了要求外观、内在品质好,生产性能强以外,还要根据不同生产模式的特殊要求,选择专用配套品种,除早熟、极早熟、极晚熟品种外,还可选择中晚熟高档品种。同时,注重研究开发热带、亚热带设施果树栽培技术,在北方进行常绿果树生产,拓展生产经营的树种及品种数量,满足消费者多品种、多层次的消费需求,创造高额生产效益。

(四)设施环境调控盲目性大

设施栽培中存在不根据品种低温需冷量,盲目提早升温的问题,造成果树萌芽不整齐、坐果率下降。因此,在我国北方进行落叶设施果树栽培,开始揭苫升温的时间一般应在冬至前后,各地可根据当地的气候条件、所用树种品种的需冷量及所采用的加速或打破自然休眠的技术措施,调整并确定具体的揭苫升温时间。设施栽培中存在升温速度过快、设施内温度过高的问题,影响树体正常的生理代谢。正确做法应是逐步提高设施内的空气温度,尽量做到土壤温度与空气温度同步上升,7～10天后升至正常温度水平。光照条件是保证树体进行光合物质积累的基础,因设施内结构、覆盖材料及大气粉尘等因素影响,光照条件往往无法满足树体发育所需。可通过采用合理温室结构、选择透光率高及衰减速度慢的透明覆盖材料、及时清除覆盖材料上的杂物和尘土、尽量延长光照时间、保持良好的果树群体结构和适宜的树叶密度、安装人工光源进行直接补光等多项措施,来改善棚室内的光照条件。

(五)果实采后管理环节落后,影响果品商品性

设施果树果实采收后,正值高温高湿的夏季,树体营养生长旺盛,极易造成群体郁闭,树体大小难以控制,花芽分化不良。应重视采后的各项管理工作,必须采用夏剪、控制肥水、使用生长延缓剂等措施控制树体大小和新梢密度,促进花芽分化,为下年生产奠定良好的基础。

(六)"隔年结果"现象严重,连续结果技术体系不完备

果树经设施栽培后,"隔年结果"现象普遍存在,不能实现连年丰产。但不同树种、品种"隔年结果"现象的轻重有所差异。葡萄"隔年结果"现象最为严重,大多数品种经过一年设施栽培后,第二年产量很低。桃、杏、李等经过设施栽培后,设施内形成花芽数量和质量下降,如果连续进行生产,则造成第二年结果部位大量外移,产量锐减,品质低劣等问题。甜樱桃"隔年结果"的现象较轻,主要出现叶片早衰,8~9月大量集中早期落叶,进一步造成早秋花芽提前开放,使翌年产量锐减。"隔年结果"现象的存在严重影响设施果树产业的经济效益和可持续发展。

第二节 我国设施果树栽培亟待解决的问题和发展方向

一、进一步完善并规范现有设施果树早期丰产技术

完善并规范桃、葡萄、李、杏等树种的日光温室、大型连栋温室与塑料大棚早期丰产技术,并尽快在生产中推广应用。研究开发多树种的早期丰产、树体控制与连年优质丰产技术。研究开发樱桃、枣、梨及热带、亚热带果树的早期丰产技术、树体控制及连年优质丰产技术。研究开发多种生产模式、配套技术及专用优良品种。加速开发日光温室延迟栽培技术、一年两树栽培技术、盆栽及盆景果树快速生产技术、连栋温室及塑料大棚促早栽培技术。同时,筛选并培育与这些生产模式相配套的专用优良品种。

二、选择适宜的设施果树品种

品种是果树栽培的内因,栽培技术只能对品种特性进行优化,而不能从根本上改变。品种选择的正确与否直接关系到保护地栽培的成败。设施果树栽培不仅要考虑品种对当地气候和立地条件的适应性,以及品种的经济性和社会性,还应考虑栽培的目的性和特殊性。选择品种应以极早熟、早熟和中熟品种为主;选择自然休眠期短、低温需求量低、易于人工打破休眠的品种;选择花粉量大、自花结实率高、易丰产的品种;选择树冠紧凑、矮化,适于矮化密植栽培的品种;选择耐高温、高湿、弱光和抗病虫

害能力强的品种;选择果实品质优良的品种。

三、注重提高果品的质量

果品的质量是设施果树发展的生命。由于种种原因,目前设施栽培的果实与露地栽培的果实相比,品质普遍下降,突出表现在糖、酸及维生素 C 含量降低,风味变淡,果实较小等方面,成为制约我国设施果树栽培进一步发展的关键因素,须引起高度重视。今后必须从品种选择、设施环境因子调控、土肥水管理、合理负载等方面采取有效措施,着力提高设施果树栽培的果实品质。

四、促进设施果树集约化、规模化、产业化发展

设施果树栽培是一项技术密集型和劳动密集型的高效益农业生产栽培模式,适宜集中连片发展,走集约化、规模化和产业化发展之路。应选择不同生态气候条件的适宜区,集中连片发展,实现不同树种、不同品种、不同成熟期合理搭配,开展产前、产中和采后系列化服务,建立一批具有一定规模的设施果树栽培基地,对于全面提高果树生产水平、果品档次和整体效益具有重要意义。但在强调规模化、产业化发展的同时,又要依据客观条件和市场空间的实际进行发展,避免盲目上马,一哄而起,给生产者造成不应有的损失。

第二章

常用设施介绍

　　设施果树栽培的设施有很多类型，如风障、阳畦、塑料拱棚、塑料大棚、日光温室、智能数控温室等。它们是在果树生产的发展进程中，由小到大、由简单到复杂、由初级到高级逐渐发展起来的，是在果树生产中起关键性作用的必备条件之一。

设施果树栽培是为了解决自然条件下,果树生产的季节性和消费市场的周年性矛盾,而进行的一种特殊栽培方式。设施果树栽培中,人们通过特定的设施,创造适宜果树生长发育的环境条件,实现非正常栽培季节的果树生产。

第一节　温室

智能数控温室是园艺栽培设施中性能最完善的类型,可以在严寒和酷热等恶劣条件下进行果树生产,世界各国都很重视温室的建造与发展。通常人们将以采光覆盖材料作为全部或部分围护建材,建成可供冬季或其他不适宜露地植物生长季节栽培植物的建筑统称为温室。近几十年来,国内温室生产发展极快,尤其是塑料薄膜日光温室,由于节能性好、成本低、效益高,在 −30℃ 的严寒地区,冬季可以不加温生产,已成为北方果树非生产季节栽培的重要设施。

在严寒、酷热、多雨高湿和极度干旱等恶劣环境下的果树生产中,温室的作用和地位越来越明显,在部分国家和地区甚至成为当地的经济发展和社会稳定的关键。例如,哥伦比亚是欧美主要生产和出口园艺产品的重要基地,但由于当地每年冬季气温太低,夏天气温又太高,形成全年有两个时段园艺产品生产的巨大缺口。虽然当地采取了许多栽培方法,但很难保证此时段其品质与产量,市场逐渐被厄瓜多尔抢占,对其经济发展产生了较大影响。哥伦比亚通过发展设施栽培,不断引进和研发新型温室及配套设施,逐步实现了周年稳定的园艺生产。

目前世界果树的生产,无论是在气候寒冷的北美的加拿大、美国或者北欧的丹麦、挪威,还是气候温暖的中南美的哥伦比亚、墨西哥,以及非洲的肯尼亚、津巴布韦,甚至在东亚的中国、日本、韩国等国家和地区,为了获取较高的经济效益,都广泛采用温室进行商品果树的生产。

我国果树产业的发展也清晰地表明设施栽培的重要性。我国果树产业迅速崛起的 20 年,正是国内温室行业迅速发展的 20 年。近年来我国北方果树产业的迅速发展,正是在现代温室技术逐步推广的条件下逐渐实现的,不但使南方许多果树在北方安家落户,还建成了凌源、营口、大连等多个北方果树生产基地,生产的果树产品不但行销全国还远销国外,形成了多种果树共同发展的果树生产格局。温室的广泛推广形成了全国范围内的果树销售的时间和空间网络,为广大果树经销商提供了无限商机,使我国实现了多种果实四季不绝。目前,为了更好地发展果树产业,不仅要依靠科技的进步、果树种类和品种的更新、栽培管理技术和水平的提高,还必须更好地依靠和利用温室、大棚等各种栽培设施。

果树生产所采用温室结构类型多种多样,在很大程度上受到所在地区气候条件的制约。我国幅员辽阔,气候类型多样,为温室产业发展提供了多样化的光、热等气候资源组合,同时也提出了一个重要课题,就是在不同的气候区域内研发相应的温室结构类型和配套设施。根据区域气候的特征,规划出我国最适宜、适宜、不适宜和极不适宜温室果树生产发展的区域,制定出各果树栽培区内适宜的温室建设类型及配套的设施标准。

一、温室的类型

温室的结构类型有很强的地域性,在很大程度上受到本地区气候条件的制约。世界上几个温室产业较发达的国家,温室的结构类型各具特色。荷兰虽然地理纬度较高,但因位于大西洋东岸,属海洋性温带气候,冬季不冷,最低气温 −5℃左右,夏季不热,最高气温不超过30℃,但冬季日照率低,日照总量不及北京的一半,光照强度弱,降雪量大。在这样的气候条件下,温室结构注重承载和采光,围护材料为玻璃,冬季采暖费仅是温室生产运行成本的10%,夏季一般不设降温设施,通风窗相对较小,仅 20% ~23%。这种温室适合于气候温和、四季温差较小的地区,引入我国后普遍感觉通风面积不够,夏季降温困难,冬季保温效果差,耗热量大,成本高。

以色列地处北纬32°的亚热带荒漠区,常年温暖、干燥,最低气温在0℃左右,年降水量不足300毫米,日照充足,光照强。在这种气候条件下,采光和采暖均不是主要问题,温室的主体结构高大,对雪载考虑较小,风载考虑较多,采暖设备相对简单,而对通风考虑较多,强调机械通风,温室宽度限制在50米之内,围护材料采用了一种透光性较差的高强度编织膜。此温室引入我国后,普遍存在透光不足、冬季加热能耗大等问题,遇到雪大的年份甚至造成温室坍塌。

20 世纪60 年代,美国研究开发了双层充气塑料温室,这种温室比单层塑料温室节能 30% ~40%,但透光率降低10%以上,适用于冬季光照强、日照百分率高于60%的地区。美国温室分布较多的加利福尼亚地区,12 月太阳辐射强度高,而我国的四川、贵州、长江中下游地区,冬季日照百分率不足50%,东北地区地处高纬,冬季太阳高度角小,光照弱,该类型温室引入这些地区后,普遍存在透光率不足。

我国幅员辽阔,气候类型多样。从南到北横跨南热带到北温带等 9 个气候带和一个高原气候大区;从东到西,穿越湿润、半湿润、干旱、半干旱和荒漠五个气候区。发展温室果树产业必须根据不同地区的气候特点,采用适宜的温室结构类型和配套设施,充分发挥各地气候资源的优势,避免不利气候因素的影响,规划出我国最适宜、适宜和不适宜发展温室果树生产的区域,并确定各个区域内适宜的温室类型及相应的配套设施,以确保果树产业的健康、高效、稳定发展。

目前生产中的温室根据其使用功能、建筑造型与平面布局、覆盖材料、能量来源等方面的不同,可划分为多种不同类型,即使同一个温室从不同的角度、按不同的方法也可分为不同的类型。

（一）按温室透明屋面的型式划分

按照温室透明屋面的型式可以将温室分为单屋面、双屋面和连接屋面3种类型（见图2-1）。

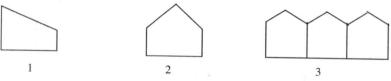

图2-1 温室类型示意图

1.单屋面温室 2.双屋面温室 3.连接屋面温室

1. 单屋面温室 指透明屋面只朝向一侧的类型，又分为一面坡温室，如鞍山式日光温室（图2-2），立窗式温室、二折式温室如北京改良式温室（图2-3），三折式温室如天津无柱式温室（图2-4）。

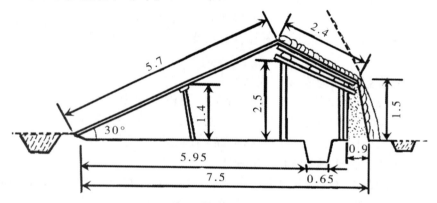

图2-2 鞍山式日光温室（单位：米）

（聂和民，1981）

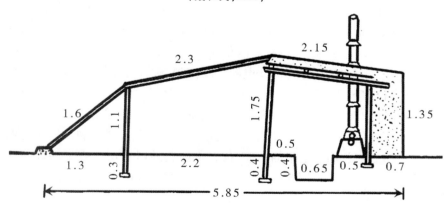

图2-3 北京改良式温室（单位：米）

（李式军，2002）

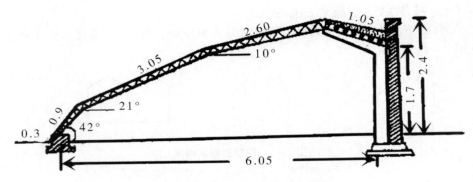

图 2 - 4　天津无柱式温室(单位:米)

(张福墁,2001)

2. **双屋面温室**　双屋面温室指透明屋面朝向相对应的两侧的类型,又分为等屋面温室、不等屋面温室(3/4 温室、马鞍形屋面温室)、拱圆屋面温室。

3. **连接屋面温室**　又可分为等屋面连栋温室、不等屋面连栋温室、拱圆屋面连栋温室。

(二)按温室骨架建筑材料划分

按照温室骨架的建筑材料可分为非金属结构和金属结构两大类。非金属结构温室包括木结构温室、竹结构温室、混凝土结构温室、玻璃钢结构温室等;金属结构温室包括钢筋混凝土结构温室、钢架结构温室、铝合金结构温室等。

(三)按温室透明覆盖材料划分

按采光面的覆盖材料划分温室的类型是目前生产中最常用的方法,可以将温室划分为玻璃温室、塑料薄膜温室和硬质塑料板材温室等类型,目前,我国一些地区普遍出现了硬质塑料板材与塑料膜复合型温室。

1. **玻璃温室(图 2 - 5)**　玻璃温室是以玻璃为透明覆盖材料的温室。18 世纪以来随着世界玻璃工业的发展,玻璃温室首先在西方国家兴起,并逐渐发展到世界各地。玻璃温室以玻璃作为采光材料,具有使用寿命长、栽培面积大、通风透光好等特点。建筑结构较好的玻璃温室可达到电脑自动控制,机械化操作,实现果树的周年生产,是适合于多种地区和各种气候类型使用的栽培设施。但近年来由于玻璃温室结构设计复杂,建造和维护费用较高,有逐渐被板材温室取代的趋势。

玻璃温室常选用 4 毫米和 5 毫米两种规格的玻璃作为覆盖材料。欧美等西方国家和地区的玻璃温室常用 4 毫米的玻璃,仅在多冰雹地区选用 5 毫米的玻璃作为覆盖材料。我国玻璃温室多采用 5 毫米厚的玻璃作为温室的覆盖材料,近年来 4 毫米玻璃也开始逐渐应用。

目前生产上最常见的是起源于荷兰的 Venlo 型温室。它是一种小屋面玻璃温室,透光率高,钢材用量小,采用交错布置、联动控制的开窗结构,温室降温除采用室内遮阳幕外,主要依靠屋面开窗自然通风,几乎没有侧墙通风。这种温室引进我国后,在大部分地区不同气候条件下,使用中发现夏季通风面积不足,降温比较困难;冬

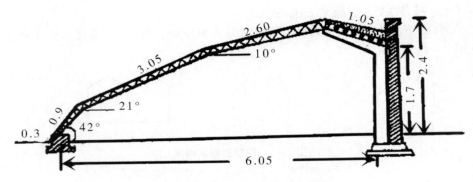

图 2-5 玻璃温室

季耗热量大,加热成本占生产成本的 30%~40%,必须根据各地的情况进行改良后才能使用。

2. **塑料薄膜温室**(图 2-6) 塑料薄膜温室是采用塑料薄膜作为透明覆盖材料的温室。塑料薄膜温室虽然发展历史较短,但目前生产中使用面积已远远超过玻璃温室,近年来玻璃温室发展很少,而塑料薄膜覆盖的温室则成倍增加。这主要是由于塑料价格远低于玻璃,重量也比玻璃轻十多倍,使温室骨架和整个温室的一次性投资大大降低,而且塑料薄膜温室的密封性好,有利于保温、保湿和温室的栽培管理。我国用于温室覆盖的塑料薄膜主要有聚乙烯(PE)和聚氯乙烯(PVC),此外还有乙烯-醋酸乙烯(EVA)薄膜等多功能膜。由于薄膜质地较柔软,可以做成多种形式。按照屋面形式,塑料薄膜温室又可分为几种不同类型。

(1)拱圆形温室 拱圆形温室的透光面呈圆拱状,面积较小,具有室内光照分布均匀、受力性强、密封性好等特点,是塑料温室中最常见的一种结构形式,在我国南北方都有广泛的应用。

(2)锯齿形温室 锯齿型温室是由两个以上"人"字形透光面的屋顶连接而成,且面积较大的温室。锯齿形温室的通风面积大,自然通风效果比拱圆形温室好,但温室天窗的密封效果往往较差,在我国冬季气温较高、夏季温度不很低的南方地区生产效果较好,但在夏季燥热、冬季寒冷的北方地区不太适宜。在选择使用锯齿形温室时还应特别注意当地的主导风向,使温室的通风口朝向下风向,以形成较大的负压通风,避免冷风倒灌。

(3)双层充气温室 双层充气温室与传统的塑料薄膜温室除覆盖材料为双层充气膜外,其他几乎没有区别。由于采用了双层充气膜覆盖,温室的保温性能提高了30%以上,但透光率下降了 10% 左右。在我国光照充足而冬季气温较低的西北地区使用效果较好,但在长江以南地区由于冬季光照不足,而气温又较高,双层充气的节能效果难以弥补由于透光不足带来的损失,一般不宜采用。双层充气温室在使用中,

图2-6　塑料薄膜温室

如果充入两层薄膜间的空气来自室内,虽然充气温度较高,但由于室内空气往往高温伴随高湿,充入膜间的空气遇到外层膜受冷后易产生结露,结露后露滴滞留并积聚在两层膜间,可在膜间形成水泡,使内层膜局部受力而破坏。为了减少这种露滴积聚,一般要求将充气风机的吸风口安装在室外,吸取室外相对湿度较低的空气。

（4）双层结构温室　双层结构温室是为取得双层充气温室的节能效果,在结构处理上采用双层骨架,分别支撑两层薄膜,取消了两层膜间充气的温室类型。双层结构温室的优点是节省了充气耗电的运行费用,避免了双层充气膜间的结露,而且可采用卷膜通风将两层膜分别打开或关闭,根据室外光照强度和温度的变化开闭塑料膜,使温室运行在节能和采光两个方面求得优化管理,进一步降低温室的运行能耗,节约成本,尤其适合于我国南方光照不足的地区使用。但双层结构温室,由于增加了一层附加结构,使温室的造价有所上升,而且也增加了温室骨架的阴影率。从运行效果来看,其节能效果要比双层充气温室高5%～10%,在北京地区使用,结合室内保温幕,冬季不加温可使室内外的温差达10℃以上。其主要原因是在室外有风的情况下,双层充气温室层间气流运动剧烈,迎风面受风压作用使充气间层减小甚至消失,覆盖材料的整体保温性能降低。但双层结构温室由于两层膜都可以是外层膜（外层膜卷起时,内层膜充当外层膜）,在空气含尘量较大的北方地区使用,薄膜的污染较大,温室的整体透光率较低,为此在选择使用双层结构温室时,对塑料膜的选择要求更高。

3.硬质塑料板材温室（图2-7）　我国温室覆盖的硬质塑料板材主要是由聚碳酸酯（PC）树脂加工而成的PC板材。PC板的保温性比玻璃提高近1倍,透光率较玻璃下降约10%,重量显著低于玻璃,温室用PC板代替玻璃后,其结构和性能都有所改进。特别是温室的保温性能也有了显著提高,PC板温室在我国（尤其是北方地区）使用,与玻璃温室相比,进入温室的总光量仍要高20%～30%,不会影响温室植物的光合作用。PC 板温室的造价较玻璃温室要高 20% ~ 30%，PC 板厂家的保证使用寿命基本为 10 年，玻璃只要不出现破碎，使用寿命可以说是永久的。因此，在选择使用温室类型时，一定要根据当地的气候条件，全面考虑投资与运行成本的经济平衡。

图 2-7　硬质塑料板材温室

4. 硬质塑料板材（PC 板）与塑料膜复合型温室　另外，为了提高温室的保温性和美观性，近年来将塑料温室的墙体围护用 PC 板材料替代塑料膜的做法越来越普遍，形成了 PC 板与塑料膜复合型温室。用 PC 板作围护墙体材料，对面积较小的温室，整体保温性能提高较显著，温室墙体的抗冲击能力有显著提高，同时温室的整体美观效果也有显著改善。但对面积较大的连栋温室，由于温室墙体面积占整个温室围护结构面积的比例较小，提高保温性能的作用相对较小。PC 板与塑料膜复合型温室和塑料温室相比，覆盖材料和必备的开窗机构的造价都显著增加，但由于墙体围护在整个温室造价中所占的比例不大，所以温室总造价提高并不大。

（四）按温室能源划分

温室按能源来源可划分为加温温室和日光温室两类。

1. 加温温室　主要指在低温季节采用人工加温的温室。加温温室的加温设施主要有火炉、火炕、暖气、热风炉等。加温温室也利用日光热源，只是其温度可以通过人工加温达到完全由人为控制，非常适宜果树生长发育，但生产成本较高。加温温室可分为地热能加温温室、工厂余热加温温室、人工能源加温温室等。

2. 日光温室　指没有人工加温设施，完全以日光作为热源，再通过良好的保温设施来创造比较适宜的温度环境的温室。目前我国东北的大部分温室都是日光温室，其特点是建造方便，设施简单，造价低廉，生产时不消耗其他能源、成本较低；只是温度条件不能人为控制，受外界影响较大，有时可能会出现冷害。随着生产和科技的发展，目前出现了"土"和"洋"两种特殊的日光温室。前者是在温室的后墙和后坡的夹角处，悬挂一排由钢管焊连起来的表面涂有黑漆的水桶（一般使用工业油桶），桶内注满水，白天通过太阳直射和吸收室内高温使水温升高储存热量，夜晚散发热量提高室温。后者是在温室顶部安装集成式太阳能热水器，与室内散热器相连形成循环，低温季节白天吸收太阳能提高水温，夜晚散发热量提高室温。以上两种方式还可与温室地下铺设的水管道相连,提高温室的土壤温度。

二、温室的场地选择与规划

(一)温室的场地选择

温室的建设成本较高,一次建设多年使用,必须选择较适宜的建造场所,以免造成不必要的损失和浪费。选作温室建设的地方要同时具备以下条件:

1. 场地的地形开阔,光照充足,通风良好 太阳是温室的主要热源,应选择东、西、南三面无高大建筑物和树木的开阔地带建造温室,特别是山区应注意避开高山、坡谷的遮阴。选择向阳、背风的地方最好,即使有一定的坡降的地带,只要前方光照充足就可以建造温室。庭院或厂区等场所建造的日光温室要在建筑物的南面,而且东西延伸最好在50米以上,否则影响温室采光和增温效果。在早春、初夏时白天温室内往往会出现高温,需要及时通风降温排湿。所以,温室建造场地还应具备较好的通风条件,不可建造在窝风或风道处,既要防止通风不良,又要防止大风危害。此外,我国北方果树生产的单屋面温室,每栋面积为 $333.3 \sim 666.7$ 米^2,场地的大小、形状和方位也是限制温室建设的条件之一。

2. 场地的供排水、供电条件良好 温室生产要求有充足的水源供应,而且水质要好,避开污水区。大面积温室群应具备井水灌溉的配套设备和排灌工程。有的地区具有地下热水源条件可以直接引进室内,保证较高的水温是获得高产的条件之一。另外,应注意不要将温室建造在地下水位高及低洼湿润地带。温室的很多配套设施需要用电,良好的用电条件也是保障日光温室生产的前提。

3. 场地的交通方便 温室应该建造于交通方便的地区,以便于产品的运输。

(二)温室的场地布局规划

1. 温室的方位 温室的方位指温室建筑的方向和位置。通常温室应坐北向南、东西向延长建筑,方位变化应在南偏西5°到南偏东5°范围以内。一般南偏东的温室光照条件好,俗称"抢阳",但保温效果较南偏西差;南偏西的温室保温效果较好,但光照效果较南偏东差。温室的位置应选择光照条件较好的平地或南低北高的缓坡地,温室的南侧应无高大建筑或树木遮阳,北侧可有遮挡北风的山丘或建筑。有的山区甚至在山南坡中下部劈开山体做后墙建筑,温室保温效果比平地建温室更好,但这样建后的温室需换客土,工作量较大。

2. 温室间距 在多栋温室成片建筑区设计时,应注意前排温室与前面其他建筑物的间距,保持冬季不互相挡光。温室前后两排之间的距离,应以冬至前排温室的阴影刚好映在后排温室的前窗脚下为最理想。纬度越高的地区,冬季太阳高度角越低,造成的阴影长度越长,前后两排温室间距应越大。

3. 温室的道路布局 温室的道路布局一般采用与主路对称布局,东西延长温室群应以南北延长的路为主路,在路东西两侧建两排温室,对称排列(图2-8)。东西两侧温室之间应留5~7米的室外作业通道和灌溉排水渠道,路面应用煤渣等进行简易铺设。东西每3排温室,南北每8~10栋温室之间再设4米左右的田间通道,以便

图2-8　辽宁西部的日光温室群道路布局

于运输。

　　4.附属设施　温室成片建筑区应设置一些附属设施,如工作室、农具室、值班室、育苗室、锅炉房、水泵房、电管室、化验室等,均安排在温室建筑的背后,以免影响温室的采光,其高度应略低于温室。

三、日光温室的结构参数

　　日光温室由后墙、后屋面、前屋面和保温覆盖物等几部分组成(图2-9)。

　　日光温室的结构参数主要包括温室的长度、跨度、高度,前后屋面的角度,墙体和后屋面的厚度,后屋面水平投影的长度,以及防寒沟的尺寸等。根据日光温室优型结构应该具备的特点,日光温室优型结构参数的确定应重点考虑采光、保温、果树生长发育和人工作业空间等问题。

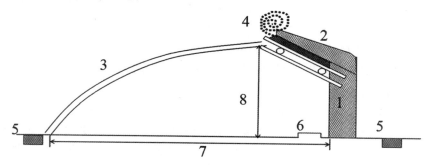

图2-9　日光温室结构示意图

　　1.后墙　2.后屋面　3.前屋面　4.保温覆盖　5.防寒沟　6.走道　7.温室高度　8.温室跨度

　　温室的跨度和高度是决定温室空间最重要的两个参数。温室后墙内侧到温室前沿棚膜入土处的距离称为温室的跨度,跨度对温室的采光、保温、果树的生长及人工作业等都有很大影响。温室的高度包括脊高、采光屋面控制点高度、立柱高度和后墙高等。一般所说的温室高度是指脊高,即是温室屋脊到室内地面的高度。在温室高度及后屋面长度不变的情况下,加大温室跨度,会降低温室前屋面角度,减少温室相对空间,不利于采光、保温、果树生长发育及人工作业。在加大温室跨度的同时加大温室高度,也可以不减小前屋面角度,但加大温室高度又会使温室空间过大,使温室内空气流动性加大,从而增加散热,同时高大的温室也不利于保温,还会提高温室造价。温室的跨度不应随便加大,一般地理纬度或海拔较高的地区,温室的跨度应适当减小。跨度相等的温室,增加高度会增加温室透明屋面的角度和比表面积以及温室空间,有利于温室的采光和果树生育。我国北方果树生产的温室跨度一般为6~9米,高度一般为3~4米。温室的长度决定了温室的面积,我国北方果树生产的温室每栋面积为333.3~666.7 米²,所以温室的长度以50~100米为宜。

温室的角度包括前屋面角和后屋面角,分别决定温室的采光和保温性能,也是温室的重要参数。温室前屋面角又称“前坡”的角度,是指温室前屋面底部与地平面的夹角。这个角度对采光面的透光率影响很大,在一定范围内,增大前屋面与地面交角会增加温室的透光率。在北纬32°~43°地区要保证太阳高度角最小的冬至前后日光温室内有较大的透光率,温室前屋面角度应该确保在20.5°~31.5°。在确定温室前屋面角度时还应该考虑温室整体结构、造型,以及使用面积和作业空间是否合理。一般为保证温室前部具有较大的果树生长和作业空间,除一面坡温室外,优型日光温室前屋面底角地面处的切线角应在60°~68°。目前生产中温室前屋面的形状以采用自前底角向后至采光屋面的2/3处为圆拱形坡面,后部1/3部分采用抛物线形屋面为宜。这样跨度6米、高3米的温室可以保证前屋面底角处切线角达65°以上,距离前底角1米处切线角达40°以上,据前底角2米处切线角达25°左右。冬季温室内大部分光线是靠距温室前底角2米范围内进入温室中的,因此争取这一段有较大的角度对提高温室透光率十分有利。日光温室后屋面(或后坡)的角度是指温室后屋面与后墙顶部水平线的夹角。我国北方为保证严寒季节后屋面能够照到阳光,储蓄热量,防止结霜,应加大后屋面的角度,一般应大于当地“冬至”正午时刻太阳高度角5°~8°为宜。在北纬32°~43°地区,后屋面仰角应为30°~40°,纬度越低,后屋面角度要越大,反之则相反。温室屋脊与后墙顶部高度差应该在80~100厘米。这样可以使寒冷季节有更多的直射光照射到后墙和后屋面,有利于增加墙体及后屋面蓄热和温室的夜间保温。

日光温室的墙体和后屋面既起到承重的作用,又起到保温蓄热的作用。在设计建造日光温室墙体和后屋面时,除了要注意考虑承重强度外,还要考虑建筑材料的导热、蓄热系数和足够的厚度。日光温室墙体和后屋面的厚度应以能够隔离严寒季节室外的低温侵袭为宜,建造时内层应采用蓄热系数大、外层应采用导热率小的异质材料。如采用泥土垒墙的土温室,墙体厚度应达到或超过当地的冻土层的厚度;采用砖石结构则应建成外厚内薄中空的夹壁墙,中间10~20厘米用于填充苯板或锯末、炉渣等防寒物,以确保隔离严寒季节室外低温的侵袭。

四、温室建造材料

建造温室所用的材料包括建筑材料、透光材料及保温材料。其中,建筑材料主要指温室透明屋面的骨架材料。建筑材料通常按投资大小而定,投资大时可选用承载力大、耐久性好的钢结构、水泥结构等,投资小时可采用竹木结构。不论采用何种建材,都要考虑有一定的牢固度和保温性。透光材料指前屋面覆盖的透光建材,主要有玻璃、塑板和塑料薄膜三类。目前生产中主要采用塑料薄膜,塑料薄膜有聚乙烯和聚氯乙烯两种,近年来又开发出了乙烯－醋酸乙烯共聚膜,具有较好的透光和保温性能,且质量轻、耐老化、无滴性能好的特点。保温材料指各种围护组织所用的保温材料,包括墙体保温、后坡保温和前屋面保温。墙体保温材料主要有土墙、砖石等,土墙的厚度应超过当地冻土层的厚度;利用砖石结构时内部应填充保温材料,如煤渣、锯末和苯板等。前屋面的保温主要以草苫、纸被和棉被等作为外覆盖。生产中一般采用草苫、草苫加纸被、棉被加纸被等覆盖形式。在外覆盖的基础上也可进行室内覆盖,以提高保温效果。在冬春多雨的黄淮地区可用防水无纺布代替纸被,无纺布保温效果与纸被相似。对于替代草苫的材料,有些厂家已生产了聚乙烯(PE)高发泡软片,专门用于外覆盖。用300克/米² 的无纺布两层也可达到草苫的覆盖效果。

五、温室环境特征和调节

栽培的环境条件对果树生产至关重要,影响果树生长发育的环境条件主要有温度、光照、气体、水分、土壤、肥料等。这些环境条件之间存在相互联系、相互制约的关系,不论哪个因素发生变化都会影响果树的生长和发育。充分了解光温室的环境特征和调节方法,是安全、高效生产果树产品的前提。

(一)光照

光照是影响果树生长发育的重要环境因子,光照条件适宜,果树光合作用旺盛,制造充足的碳水化合物,在体内积累更多的营养物质,使植株生长和发育健壮。光照还对植物形态建成具有重要作用,可促进种子的萌发、枝叶的生长、叶芽和花芽的分化,以及花朵的开放、种子的形成等。光照对果树生产的影响主要有光照强度、光照时间和光质三个方面。

温室栽培的光照条件与露地相比明显不同,通常表现为光照强度降低、光照时间缩短、光质的构成也因透明覆盖的不同发生不同的变化。首先,日光温室的光照强度因透明覆盖物的吸收和反射明显降低,是温室生产的最大问题。通常温室内的光合有效辐射能量、光量和太阳辐射量受透明覆盖材料的种类、老化程度、洁净度的影响,仅为室外的50%～80%。其次,我国北方温室生产主要在冬春非自然栽培季节进行,自然光照时间短,并且受到为保持室内的温度每天晚揭开和早覆盖外层保温覆盖的影响,温室内的光照时间比露地栽培明显缩短,影响了栽培果树的生长发育速度和进程。第三,温室由于透光覆盖材料间对光辐射不同波长的透过率不同,光照的辐射波长组成与室外有很大差异,一般紫外光的透过率低。但当太阳短波辐射进入设施

图 2-10　连栋温室内的补光设备

内并被植物和土壤等吸收后,以长波的形式向外辐射,但多被覆盖的玻璃或薄膜阻隔,很少透过覆盖物,从而使整个设施内的红外光长波辐射增多。我国主要的园艺设施多以塑料薄膜为覆盖材料,透过的光质与薄膜的种类、颜色等有直接关系(图 2-10)。玻璃和硬质塑料板覆盖的温室也会影响设施内的光质。此外,温室内的光照强度和时间存在明显的差异。例如,温室的后屋面及东、西、北面的墙体不透光,在其附近或者下部往往会有遮阴,室内中间偏南部的光照条件明显优于北部和周边。温室内的太阳辐射量,特别是直射光日总量,在温室的不同部位、不同方位、不同时间和季节,分布都极不均匀,尤其是高纬度地区冬季设施内光照强度弱,光照时间短,严重影响设施果树的生长发育。

　　温室的光照调节主要是最大限度地增加光照强度,延长光照时间。首先应选择适宜的场地,采用适宜的设施结构和建筑材料,完善温室的布局。建造场地前要无高大建筑物和树木遮阴,附近无烟尘较多的工厂,不靠近车辆过往频繁的公路,以防止灰尘污染薄膜。根据当地的自然条件选择适宜的温室类型和相匹配的骨架材料,采用合理的屋面倾斜角度,合理安排设施建造方位和前后间隔距离等。其次,选择透光率高的塑料薄膜,保持薄膜表面清洁。一般新薄膜的透光率可达 90% 以上,使用一年后的旧薄膜视种类不同,透光率下降到 50% ~ 60%。栽培过程中,定期清除薄膜表面的灰尘和积雪,保持膜面的清洁光亮,及时清除薄膜内面上的水滴等措施都能够提高薄膜的透光率。在棚膜变松、起皱时,反射光量增大,透光率降低,应及时拉平拉紧。再次,充分利用反射光。生产中在地上铺盖反光地膜,在设施内墙张挂反光幕或将温室内的墙面及立柱表面涂成白色,可改善温室的光照条件,提高光能利用率。

　　在光照强度较低的冬季,室内光照明显不足时可通过人工补光增强光照。人工补光的界限是温室内床面光照总量小于 100 瓦/米^2 或光照时数不足 4.5 小时/天时,应该进行人工补光。生产中遇到连阴雨及冬季温室采光时间不足应进行人工补光。人工补光一般用电光源，主要有白炽灯、日光灯、高压汞灯及钠光灯等。生产中一般于上午卷起草苫前和下午放下草苫后，各补光 2 ~ 3 小时，使每天的自然光照时间和人工补光时间相加保持在 12 小时左右。

（二）温度

温度是影响植物生长发育的最重要的环境因子。果树的任何生命活动，如根的休眠、茎的伸长、花芽的分化和植株的生长发育，都要求一定的温度条件。温度适宜时植株健壮、组织和器官生长发育良好，温度不适时发育迟缓，温度达到植株最高、最低界限则生长发育停止，如温度超过维持生命的最高、最低界限，就会导致植株死亡。在影响植株生长发育的主要环境因子中，温度是设施栽培中相对容易控制的环境因子。

日光温室的温度条件主要有气温和地温两个方面。日光温室的气温一年四季均高于露地，但直接受外界气候条件的影响。通常高纬度的北方地区，日光温室内也存在着明显的四季变化。按气象学标准，日光温室内的冬季天数一般可比露地缩短 3 ~ 5 个月，夏季天数可比露地延长 3 个月，春、秋季天数可比露地分别延长 20 ~ 30 天。日光温室内气温的日变化规律与外界基本相同，即白天光照好时气温高、阴雨天气温较低，夜间气温最低，每天的最高温度一般出现在 13 ~ 14 时。温室内低温季节阴雨（雪）天的昼夜温差较小，一般只有 5℃ 左右；晴天昼夜温差明显大于阴天，一般都在 10℃ 以上。日光温室的气温分布存在严重的不均现象，通常白天温室上部温度高于下部，中部温度高于周边；夜间温室北侧温度高于南侧。在寒冷的冬季，温室无保温覆盖时靠近透明覆盖材料表层处的温度往往最低，温室内外的温差仅有 2 ~ 5℃。通常温室面积越小，低温区域所占的比例越大，温度分布越不均，一般水平温差为 3 ~ 4℃；垂直温差为 2 ~ 3℃。

温室内的温度调节主要有保温、增温、降温三个方面。冬季生产以保温为主，增温为辅，多是仅仅在最寒冷的时间进行短暂的加温。温室常用的保温措施主要是采用保温覆盖，保温覆盖的材料主要有草苫（图 2 - 11）、纸被、棉被等，生产中常采用两种以上材料进行多层覆盖，以提高保温效果。日光温室的热源主要来自于太阳辐射，可通过增大温室透光率提高室内温度、增加能量储存量的方法，提高室内夜间温度。选择适宜的温室建造场地，改良温室的结构，使用透光率高的玻璃或薄膜提高透光率，也可使得室内积聚更多热量。亦可设置防寒沟。在设施周围挖出一道宽 30 厘米，深与当地冻土层相当的沟，沟中填入稻草等保温材料，以切断外界低温的侵袭，减少土壤中热量横向散失，以保持较高的土壤温度。据测定，防寒沟可使温室周围 5 厘米土壤温度提高 4℃ 以上。

我国大部分地区夏季由于强烈太阳辐射和温室效应，温室内气温常常在 40℃，甚至 50℃ 以上，远远超出温室果树生长发育的适温，因此，夏季温室降温是保证果树正常生育的重要方面。保护设施内的降温最简单的途径是通风，但温度过高时依靠自然通风不能满足果树生长发育的要求，必须进行人工降温。根据保护设施的热收

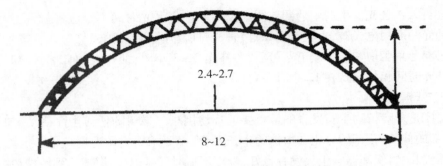

2.4~2.7

8~12

图2-11 北方果树生产日光温室外保温材料草苫(单位:米)

支,人工降温的措施主要有减少进入温室中的太阳辐射、增加温室的热消耗和增大温室的通风换气三个方面。

(三)空气湿度

温室密闭性强、气温高、温差大,室内空气的绝对湿度和相对湿度均大于露地。空气湿度大,会减少果树蒸腾量,果树不易失水,有利于果树的生长发育。但温室空气湿度大、光照弱,易引起果树营养生长过旺,易发生徒长,影响果树的开花结实,还易诱发病害。因此,温室栽培应特别注意控制室内的空气湿度。温室的空气相对湿度的日变化比露地大得多。白天中午前后,温室内的气温高,空气相对湿度小,通常在60%~70%;夜间由于气温迅速下降,空气相对湿度随之迅速增高,甚至较长时间内一直维持在过饱和状态。温室的湿度变化与室内的温差较大有关,一般温室越矮小,室内温差越大,空气相对湿度及其日变化也越大,空气相对湿度不仅易达到饱和,而且日变化也剧烈。温室的空气相对湿度大、极易达到饱和,不但设施果树表面易结露、吐水,覆盖物内侧表面也极易凝结水珠下滴,导致果树表面常常沾湿,出现濡湿现象,易引发多种病害,这是温室病害的危害程度高于露地栽培的主要原因。

设施内湿度调节的主要方面是除湿。生产上常用的除湿方法主要有通风降湿、地膜覆盖和采用适宜的农业技术措施等。

1. **通风降湿** 是指通过打开通风窗、揭薄膜、扒缝等通风方式自然通风,降低温室内湿度的方法。目前亚热带地区使用一种无动力自动锅陀状排风扇安置于温室或大棚的顶部,靠棚内热气流作用使风扇转动,以降低室内湿度的效果较好。

2. **地膜覆盖** 是指在温室地表覆盖一层地膜,以减少地表水分的蒸发,从而减少设施内部空气中的水分含量,降低空气相对湿度的方法。没有地膜覆盖的温室大棚内夜间相对湿度达95%~100%,覆盖地膜后相对湿度则可降至75%~80%。

3. **科学灌溉** 可减少温室用水量、降低空气湿度,如采用滴灌、渗灌、地中灌溉,特别是膜下滴灌,都能够减少土壤灌水量,限制土壤水分过度蒸发,有效地降低空气湿度。

4. **铺设吸湿材料** 温室覆盖或铺设吸湿材料可有效降低空气湿度。如覆盖材料选用无滴长寿膜,在室内张挂或铺设有良好吸湿性的材料,以吸收空气中的湿气或者承接薄膜滴落的水滴,可有效防止空气湿度过高和沾湿果树,特别是可防止水滴直接滴落到植株上。在大型温室和连栋大棚内部顶端设置具有良好透湿和吸湿性能的保温幕,普通钢管大棚或竹木大棚内部张挂的无纺布幕,在地面覆盖稻草、稻壳麦秸等吸湿性材料等,都能够达到自然吸湿降湿的目的。

对于果树产品的生产,在育苗、繁殖、移栽等技术环节,加湿也是其必要技术环节。通常可通过设置湿帘(图2-12)、喷雾等手段解决。

图2-12　温室的湿帘室

5.采用适宜的农业技术措施　适时中耕,切断土壤毛细管,阻止地下水分通过毛细管上升到地表,蒸发到空间;通过植株调整、去掉多余侧枝、摘除老叶,可以提高株行间的通风透光、减少蒸腾量、降低湿度。

(四)气体

日光温室密闭性强,果树栽培周期长、密度大,如果不进行通风换气,室内二氧化碳(CO_2)和氧气(O_2)的浓度日变化非常显著。白天果树光合作用吸收 CO_2、放出 O_2,使室内 CO_2 浓度逐渐降低,O_2 的浓度提高,严重时甚至可抑制果树的生长;夜间果树呼吸作用吸收 O_2、放出 CO_2,又使室内 CO_2 浓度逐渐提高,O_2 的浓度降低。通常温室在早晨揭开草苫前,室内的 CO_2 浓度最高,O_2 的浓度最低;中午到覆盖前 CO_2 浓度较低,O_2 浓度最高,所以温室在中午前开始进行 CO_2 施肥效果最好。

温室是一个由各种建筑材料围成的相对密闭的空间,温室栽培精细、施肥量和农药施用量都较大,易因劣质建材释放、肥料和农药氧化分解产生而形成并积聚一些有害气体。有害气体主要有氨气(NH_3)、二氧化氮(NO_2)、二氧化硫(SO_2)、乙烯(C_2H_4)、氯气(Cl_2)等,在炉火加温温室内除了以上几种有害气体外,还有一氧化碳(CO)气体。这些有害气体在达到一定浓度后都会对植物产生危害,严重时可对人体健康造成危害甚至导致死亡。因此,温室栽培时应注意有害气体的影响,并积极采取措施控制有害气体的产生和积累,防止产生危害。

(五)土壤环境

温室内土壤养分转化和有机质分解速度与露地相比大大加快。温室内的土壤温度一般高于露地,再加上土壤湿度较高,土壤中的微生物活动旺盛,加快了土壤养分转化和有机质的分解速度。土壤环境可用土壤湿度酸度仪测定(图 2 - 13)。据测定,在冬季日光温室土壤有机质分解放出的 CO_2 为 0.3 ~ 0.4 克/(米^2·小时)。由于温室的土壤一般不受或少受雨淋,土壤养分流失较少,因此施入的肥料便于植物充分利用,提高了肥料的利用率。同时温室的土壤因不受雨淋,水分因蒸腾和土壤毛吸作用而经常由下层向表层运动,又由于温室连年施用大量肥料,残留在土壤中的各种盐分随水分向表土聚集,导致温室表层土壤常出现盐分积聚而浓度过高,致使果树生长发生障碍,形成盐渍危害。

图 2 - 13　土壤湿度酸度仪

日光温室往往连续种植高附加值的园艺作物,连作栽培十分普遍,且温室一年中栽培利用时间很长,甚至周年利用,导致温室内及其土壤中病原菌的大量累积,易造成温室内土传病害的大量发生和流行。

六、现代温室

现代化温室主要是指大型(覆盖面积多为 1 公顷以上)的连栋温室(图 2 - 14),温室环境采用自动化控制,基本不受自然气候的影响,可以全天候进行园艺植物生产,是园艺保护设施的最高类型。现代温室一般都比较高大,具有采暖、通风、灌溉等配套设备,有的还有降温、人工补光等附属设施,具有较强的环境调节能力,可以周年应用。荷兰是现代化温室的发源地,代表类型为 Venlo 温室。以双屋面连栋温室为例,它的每一单栋的规格有所不同,跨度小者 3 ~ 5 米,大者 8 ~ 12 米,长度 20 ~ 50 米,一般每 2.5 ~

3.0米设一个人字梁和间柱,脊高3~6米,侧壁高1.5~2.5米。双屋面联栋温室主要由钢筋混凝土基础、钢材骨架、透明覆盖材料、保温幕和遮光幕及环境控制装置等构成。其中,钢材骨架主要有3种,即普通钢材、镀锌钢材、铝合金轻型钢材。透明覆盖材料主要有钢化玻璃、普通玻璃、丙烯酸树脂、玻璃纤维加强板(FRA板)、聚碳酸酯板(PC板)、塑料薄膜等。保温幕多用无纺布。遮光幕可采用无纺布和聚酯等材料。这种温室的特点是两个采光面朝向相反、长度和角度相等,四周侧墙均由透明材料构成。

图2-14　果树生产的现代化连栋温室

(一)现代温室的类型

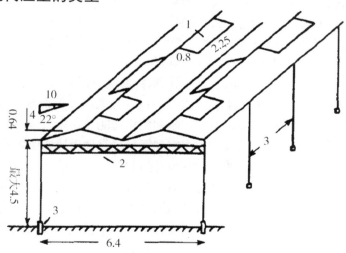

图2-15　Venlo型温室结构示意图(佐漱,1995)(单位:米)
1.天窗　2.桁架　3.基础

现代温室的类型多种多样,我国最常见的是Venlo型温室,为荷兰研究开发而后流行全世界的一种多脊连栋小屋面玻璃温室。Venlo型温室的透光率高,由于其独特的承重结构设计减小了屋面骨架的断面尺寸,省去了屋面檩条及连接部件,减少了构件的遮光面积;由于使用了高透光率园艺专用玻璃覆盖,使透光率大幅度提高;由于采用专用铝合金及配套的橡胶条和注塑件,温室密封性大大提高,有效地节省了能源。Venlo型温室的屋面排水效果好,由于它的每一跨内有2~6个排水沟(天沟),与相同跨度的其他类型温室相比,每个天沟汇水面积减少了50%~83%。此外,Venlo温室使用灵活,构件通用性较强。Venlo温室引入我国后,经过改良,已在园艺保护地生产中大面积推广应用(见图2-15)。

法国瑞奇温室公司研究开发里歇尔温室,在我国也有应用。该温室的主要特点是自然通风效果较好;采用双层充气膜覆盖,可节能30%~40%;构件比玻璃温室少、空间大、遮阳面少;而且可根据不同地区风力强度大小和积雪厚度,选择不同型号、类型的构件。但由于里歇尔温室采用双层充气膜覆盖,透光率偏低,在我国南方冬季多阴雨雪天气和北方冬季日照时数少、光照强度低的条件下,影响透光性,限制了它的推广和应用。

除了Venlo温室和里歇尔温室,还有屋顶全开启型温室,其特点是以天沟檐部为支点,可以从屋脊部打开天窗,可开启达到垂直的程度,使整个屋面的开启达到从完全封闭直到全部开放的不同状态,其侧窗则用上下推拉方式开启,全开后达1.5米宽,在屋顶和侧窗全开时可使室内外温度保持一致,中午室内光强可超过室外,便于夏季接受雨水淋洗,防止土壤盐类积聚。开启型温室可根据室内外的温度、降水量和风速条件,通过电脑实现自动化控制屋顶或侧窗的开启或关闭。

除以上几种温室类型外,还有胖龙温室、以色列温室等,但目前在我国很少应用。

(二)现代温室的配套设备和应用

1. 自然通风系统 现代温室的自然通风系统是温室通风换气、调节室温的主要配套设施,一般分为顶窗通风、侧窗通风和顶侧窗通风三种通风方式。顶窗开启方向有单向和双向两种。双向开窗可以更好地适应外界条件的变化,较好地满足室内环境调控的要求。侧窗通风有转动式、卷帘式和移动式三种类型,玻璃温室多采用转动式和移动式,塑料薄膜温室多采用卷帘式。温室自然通风系统的通风面积是温室设计中的一个重要参数,直接影响温室的控制和使用功能。在多风地区,如何设计合理的顶窗面积及开度十分重要,因其结构强度和运行可靠性受风速影响较大,设计不合理时易被损坏,影响温室的通风效果和室内外间的空气交换能力。

玻璃温室通风窗的驱动方式常采用连栋式驱动系统,通过齿轴-齿轮机构,将转动轴的转动变为推拉杆在水平方向上的移动,从而实现顶窗启闭。因此,在整个传动机构中,齿轮、齿条等传动部件的设计、匹配程度和加工精度,是开窗系统运行可靠性的关键。

2. 采暖系统 现代温室的采暖系统是温室温度调节控制的重要配套设施。采暖系统与通风系统相结合,可为温室创造适宜果树生长的温度和湿度条件。现代化温室面积较大,通常没有外覆盖保温防寒,只能依靠加温保证寒冷季节果树的正常生产。温室采暖系统应该满足两个方面的要求。首先,温室供暖系统能够在冬季严寒条件下提供足够的热量,以确保并维持果树正常生长发育所需要的设计温度,且保持温室内部温度分布均匀;其次是要求供热和散热设备占用的空间小,运行安全可靠,一次性投资低,运行费用经济合理。目前现代温室的采暖系统多采用集中供热、分区控制的方式,以确保在区域间因栽培果树不同而要求控制的不同温度。温室采暖系统的加热方式主要有热水管道加热和热风加热两种。

热水管道加热是以热水为媒介的采暖方式,由提供热源的锅炉、热水输送管道、循环水泵、散热器及各种控制和调节阀门等组成。热水采暖的优点是,室内温度稳定、分布均匀,安全可靠,供热负荷大。在温室采暖系统发生紧急故障,临时停止供暖时温度下降慢,两小时内不会对果树造成较大影响。热水采暖与热风和蒸气采暖相比热损失较小,热水采暖运行较为经济;其缺点是系统复杂,设备多,造价高,设备一次性投资较高,大中型永久性温室多采用此种方式。热水管道加热方式又分为自然循环热水采暖和机械循环热水采暖两种类型。自然循环热水采暖要求锅炉位置低于散热管道散热器,提高供水温度,降低回水温度,以确保自然循环系统的作用压力,主要用于管路不长的小型温室。大型温室的管路系统往往过长,增加管径又增加成本,锅炉位置也不便安装过低,为使热水采暖系统的作用压力大于总阻力,应该改用机械循环装置。

热风加热是利用热风炉通过风机把热风送入温室各部分加热的方式,由热风炉、送气管道、附件及传感器等组成。热风加热有燃煤加热和燃油(或燃气)加热两种方式。燃煤加热是我国目前常用的加热方式,优点是室温均匀,停止加热后室温下降速度慢,水平式加热管道还可兼作温室高架作业车的运行轨道;缺点是室温升高慢,设备材料多,一次性投资大,安装维修费时费工,燃煤排出的炉渣、烟尘污染环境,需另占土地。燃油(或燃气)加热的特点是室温升高快,但停止加热后降温也快,易形成叶面积水,加热效果不及热水管道加热,其优点还有节省设备资材,安装维修方便,占地面积少,一次性投资少等,适于面积小、加温周期短、局部或临时加热需求大的温室选用。温室面积规模大的,仍常采用燃煤锅炉热水供暖方式,运行成本低,能较好地保证果树生长所需的温度。此外,温室的加温还可利用工厂余热、太阳能集热加温器、地下热交换等节能加热技术。

3.幕帘系统 现代温室的幕帘系统的主要功能是遮阳,并具有降温和保温的作用,可分为帘幕和传动两部分。帘幕部分按安装的位置可分为内遮阳保温幕和外遮阳保温幕两种;传动部分按用材分为钢索轴拉幕和齿轮齿条拉幕两种。

幕帘系统的内遮阳保温幕是采用铝箔条或镀铝膜与聚酯线条经特殊工艺间隔编织而成的缀铝膜。按保温和遮阳的不同要求,嵌入不同比例的铝箔条,具有保温节能、遮阳降温、防水滴、减少土壤蒸发和叶片蒸腾,节约灌溉用水的功效。这种密闭型的膜可用于白天温室遮阳降温和夜间保温。夜间因能够隔断红外长光波阻止热量散失,而具有保温效果。在晴朗冬夜具有内遮阳保温幕温室的温度可平均提高 3～4℃,效果好的可提高 7℃,节能 20%～40%。白天覆盖铝箔可反射光能 95% 左右,具有良好的降温作用。目前密闭型遮阳保温幕有瑞典产和国产的两种,都适于无顶通风温室及北方严寒地区应用,还有多种规格的透气型遮阳保温幕,适于自然通风的温室选用。

幕帘系统的外遮阳幕是利用遮光率为 50%～70% 的透气黑色网幕或缀铝膜,覆盖在离通风温室顶部30~50厘米处,能够比不覆盖时降低室温4~7℃,最多时可降低10℃,还可防止果实日灼伤,提高品质和质量。

4.降温系统 现代温室的降温系统是温室夏季降温,确保温室周年生产的重要设施。温室在夏季由于强烈的太阳辐射和温室效应,室内气温可高达40℃甚至50℃以上,超过了大多数园艺植物的忍耐极限,导致很多温室不能周年生产,尤其是连栋大型温室夏季热蓄积更加严重。有效降低温室夏季温度可提高温室的利用率,确保温室冬、夏两用,实现周年生产,是建造现代温室的重要目标。常见的温室降温系统有喷雾降温、湿帘—风机降温两种。

喷雾降温是将水转变成极微小的雾粒弥漫在室内,吸收热量降低室内温度的方法,具有降温速度快、蒸发效率高、温度分布均匀的特点。喷雾降温系统主要由水过滤装置、高压水泵、高压管道、雾化喷头等组件构成。喷雾降温系统是使用普通水,经过微雾系统配备的两级微米级的过滤系统过滤后进入高压泵,经加压后的水通过管路输送到雾嘴,高压水流高速撞击针式雾嘴,形成微米级的雾粒,喷入温室后在迅速蒸发的同时吸收空气中的大量热量,然后将湿热空气排出室外达到降温目的。由于降温系统直接将水以雾状喷在温室的空中,雾粒直径非常小,直径仅为50~90微米,可在空气中直接汽化,雾滴不落到地面。喷雾降温的喷嘴有两种类型,一种由温室旁侧底部向上喷,另一种从温室上部向下降雾。在喷雾的同时,安装在天窗处的换气扇打开,及时排除室内的湿热空气,使温度迅速降低。喷雾降温系统适于相对湿度较低、自然通风较好的温室,降温的成本低、效果好,是一种最新的降温技术。据测定,在外界37℃时,单用排气扇(换气率70%)降温,室温可降到35~36℃,加用喷雾装置可降温至28~30℃。该系统除降温外,也可作为多功能微雾进行喷洒农药、叶面施肥、环境加湿和人工造景等方面的作业。目前已有不同功率的多种规格产品供不同大小温室选用。喷雾降温系统的缺点是喷嘴易堵、雾化不好可能造成叶片打湿,容易发生病害;另外,整个系统比较复杂,运行费用较高。

湿帘-风机降温系统是目前现代化温室降温最常用的装置。湿帘-风机降温系统由湿帘箱、循环水系统、轴流风机、控制系统四部分组成。湿帘箱由箱体、湿帘、布水管和集水器组成,设置在温室北墙,湿帘面积与温室地面面积比为8∶100。在湿帘对面的南侧墙安装轴流风扇,相互距离一般为30~40米。工作时用水泵将蓄水池中的水淋在湿帘上,特制的疏水湿帘能确保水分均匀淋湿整个降温帘。同时启动风扇,将温室内的空气强制抽出,使室内空气形成负压。室外空气因负压被吸入室内的过程中以一定速度从湿帘缝隙穿过,与潮湿介质表面的水汽进行热交换,导致水分蒸发和空气冷却,冷空气流经温室吸热后再经风扇排出,形成循环,达到降温的目的。通常温室内空气越干燥,温度越高,湿帘降温效果越好。湿帘降温在炎热的夏季,尤其是在晴天中午温度达最高值、相对湿度最低时,降温效果最好,是一种简易有效的降温系统,但在高湿季节或地区降温效果相对较差。

5.照明系统 现代温室照明系统主要用于温室内部普通照明和果树栽培补光照明两个方面。普通照明仅在温室走道、控制室等处设照明灯具即可,为节电节能温室走道照度一般取 10 ～ 30lx 即可。果树补光照明主要指在自然光照远不能满足光合作用需用光照时，需进行人工光照补光设计的照明系统。补光照明在选取光源时应充分考虑果树的种类及不同生长期对光照的需要。果树补光的目的一是抑制或者促进植株花芽分化、调节花期，满足果树光周期的需要，这种补光照度要求较低，只要有几十勒克斯的光照度就可满足需要，多用白炽灯；二是以促进果树光合作用，促进果树生长，补充自然光照不足，这种补光要求光源的照度应高于植物的光补偿点，一般在 3 000lx 以上。温室补光采用的光源灯具要有防潮专业设计，具有使用寿命长、发光效率高、光输出量比普通钠灯高 10% 以上的特点。

6. 二氧化碳（CO₂）施肥系统 温室的二氧化碳施肥系统由 CO_2 施肥装置和环流风机两部分组成。CO_2 施肥装置的肥源可直接使用贮气罐或贮液罐中的工业用 CO_2，也可利用 CO_2 发生器将煤油或石油气等碳氢化合物通过充分燃烧而释放的 CO_2。如采用 CO_2 发生器可将发生器直接悬挂在钢架结构上；采用贮气贮液罐则需通过电磁阀、鼓风机和输送管道把 CO_2 均匀地散布到整个温室空间。为检测 CO_2 的浓度，需在室内安装 CO_2 分析仪，通过计算机控制系统检测，实现对 CO_2 浓度的控制。在封闭的温室内，CO_2 通过管道分布的均匀度较差，可采用环流风机提高 CO_2 浓度分布的均匀度。环流风机不但能够保证 CO_2 浓度的均匀分布，还可促进室内温度、相对湿度分布均匀，保证室内果树生长的一致性，改善品质。同时通过排风将湿热空气排出室外，还可以实现温室的降温排湿，调节室内的温湿度条件。为提高 CO_2 施肥效果，排风机应根据温室的结构和气源安放情况安装在适宜位置。

7. 灌溉和施肥系统 自动化温室的灌溉和施肥是结合在一起的，将肥料溶解在水中，在浇水的同时完成施肥过程。灌溉和施肥系统包括水源、储水及供水设施、水处理设施、灌溉和施肥设施、田间管道、灌水器或滴头等部分。在无土栽培时，还应配备肥水回收装置，将多余的肥水收集起来，经处理后重复利用或排放到室外。在土壤栽培时，应在果树根区土层下铺设暗管，以利排水。灌溉施肥系统的水源和水质直接影响滴头或喷头的堵塞程度，通常除符合饮用水标准外的各种水源都要经各种过滤器处理，以减少滴头或喷头的堵塞。现代温室采用雨水回收设施，可将降落到温室屋面的雨水全部回收，雨水是一种理想的灌溉水源。在整个灌溉施肥系统中，滴灌或喷灌装置是保证系统功能完善和可靠运行的一个重要设施。常见的滴灌装置有适于地栽作物的滴灌系统，适于基质袋培和盆栽的滴箭系统；喷灌装置有适于温室矮生作物的喷嘴向上的喷灌系统或向下的倒悬式喷灌系统。智能喷灌系统具有自动前进、倒退、变速、停运等功能。

在灌溉施肥系统中肥料与水均匀混合十分重要，目前多采用混合罐完成混合过程。在混合后的肥水施到田间前，系统按预先设定的 EC 值（指溶液中可溶性盐的浓度，也就是电导率）和 pH（溶液酸碱程度的衡量标准，pH ＜7 为酸性，pH ＝7 为中性，pH ＞7 为碱性）范围定时检测，当 EC 值和 pH 值未达设定标准值时网络的阀门关闭，肥水重新回到罐中混合，为防不同化学成分混合发生沉淀，设 A、B 罐和酸碱液。在肥料和水混合前后有二次过滤，以防堵塞。

8. 温室控制系统 温室控制系统是指现代化温室中安装的各种不同的环境参数监测传感器（如温度传感器、湿度传感器、光照传感器、CO_2浓度传感器、室外气象站等），实时监测温室中各种环境参数的变化，将采集到的信息传递到温室计算机进行判断和处理，然后控制设备（控制器、计算机等）控制驱动或执行系统（如湿帘—风机降温系统、开窗系统、加热系统、灌溉施肥系统等），对温室内的环境参数（如温度、湿度、光照、CO_2浓度、营养液pH等）和灌溉施肥进行调节控制，以满足果树生长发育的需要。温室控制系统应根据温室类型、栽培果树的种类和品种，以及气候条件的不同，选择适宜的模式配置，以实现对温室环境条件的有效调节和控制。

温室控制系统可分为手动控制、自动控制和计算机智能控制等不同类型。手动控制是在温室技术发展初期或简易温室所采用的控制类型，是通过种植者对温室内外的气候变化和栽培果树生长发育状态的观测，凭借经验手动调节温室内环境的方式。手动控制系统比较简单，一般由继电器、接触器、按钮、限位开关等电气元件组成。手动控制系统是温室控制系统的基础，即使是在温室的自动控制系统中，往往也包含或辅助有部分手动控制方式。手动控制是根据果树生长状况做出反应，具有较快捷、有效的特点，符合设施园艺的生产规律。但手动控制方式的劳动强度较大、生产效率低，不适合工厂化农业生产发展的需要。荷兰温室发展的初期，环境参数就是根据种植者的经验总结归纳而制定出来的，我国目前大多数节能日光温室的控制方式也是手动控制。

20世纪50年代前后，随着设施农业生产的发展和科学技术的进步，国外温室手动控制的生产方式逐渐被机械设备所替代。首先被引入使用的是自动调温仪，随着各种与环境控制和作物生长有关的研究成果相继问世，促进了新型环境控制设备的诞生。最初的温室控制系统只对某一环境因子进行自动控制，是采用传感器监测室内的某一环境因子，并对其设定上限和下限值，然后控制仪自动对驱动设备进行开启或关闭，进而实现对该因子的自动调控。例如，自动调温仪可通过对开窗系统、拉幕系统、加温系统和降温系统的控制，调节温室的温度。但是，影响果树生长的环境因子之间是相互制约的，单因子控制不考虑其他要素的影响和变化，温室应用中存在明显的局限性。控制器自动控制系统采用了环境因子综合控制技术，可按照果树对各种环境要素要求及其相互间的制约关系，建立相应的动态变化模式，当某一环境因子发生变化时，控制器对其他因子自动做出相应调整和优化，达到对温室环境条件进行综合调控的目的。温室自动控制系统一般由单片机系统或可编程控制器、输入输出设备，以及驱动或执行系统组成。

温室智能控制系统主要由信息采集及信号输入、信息转换与处理和输出及控制3个部分组成。信息采集及信号输入部分主要功能是通过各种感应器，捕捉和采集温室内外的温度、湿度、CO_2浓度及光照条件等信息，通过传感器将采集到的信息传递到控制系统。信息转换与处理部分主要功能是将采集的环境参数信息转换成计算机可识别的标准量信息，经控制系统综合处理分析，获得并输出决策的控制指令。输出及控制部分主要功能是控制各执行系统按照控制指令完成环境条件的调节过程，如控制加温系统、降温系统、灌溉系统、遮阳系统及窗的启闭等，使温室环境参数保持适宜植物生长的理想状态。计算机智能控制系统包括计算机、数据显示打印装置、室外气象站、传感器等硬件设施和软件系统。通过传感器能实现对室内外环境因子的监测、数据显示和采集；通过计算机下达温室内环境因子的调控指令，并通过电动机等执行机构实现调控。计算机智能控制不但能实现温室内环境因子的单因子控制，而且能实现根据各环境因子的相互关系进行综合调控，是目前温室控制水平最高、控制能力最强、控制最精确的一种控制方式。但计算机智能控制装置的技术复杂，设备价格和运行成本相对较高，最适合于投资水平较高、配置较全、使用性能要求较高的大型连栋现代温室，特别是大片的温室群。

除上述配套设施外，多功能自动化温室通常还配有穴盘育苗精量播种的生产线、组装式蓄水池、消毒用蒸汽发生器，以及各种小型农机具等配套设施。

（三）现代温室的性能

现代化温室除骨架外全部由塑料薄膜、玻璃或塑料板材等透明覆盖物构成，具有透光面积大、采光性好、透光率高、光照时间长、光照分布均匀的特点。这种全光型的大型温室，即使在北方日照时间较短、光照强度较弱的冬季，仍然能够基本满足大部分果树正常生长的需要。双层充气薄膜温室的透光率较低，室内光照较弱，对喜光的果树生长不利，但设备完善的温室配备了补光设施，仍然可进行果树生产。现代化温室具有热效率高的加温设备，在最寒冷的冬天，不论是晴好天气还是阴雨（雪）天气，都能保证果树正常生长发育所需要的温度；由于配备了有效的降温设施，在炎热的夏季也能够维持适宜的温度，可保证果品的提前或延后上市，但是费用高。

塑料薄膜连栋温室，由于薄膜的密闭性强，空气和土壤湿度比玻璃连栋温室高。连栋温室的空间高大，果树生长势强，代谢旺盛，果树叶面积指数高，蒸腾作用释放出的水汽也进入温室，空气相对湿度较易达到饱和。但现代化温室有完善的加温和排湿系统，加温可有效地降低空气相对湿度，排湿可减小室内绝对湿度，因而比日光温室因高湿环境给果树带来的负面影响小。夏季炎热高温时，现代化温室内有湿帘—风机降温系统，不仅能使温室内温度降低，而且还能保持适宜的空气相对湿度，为一些高档果树生产创造了良好的生态环境。现代化温室的 CO_2 浓度明显低于露地，不能满足果树的需要，白天光合作用强时常常发生 CO_2 亏缺。因此，必须进行气体施肥补充 CO_2。国内现代化温室出现了土壤的连作障碍、土壤酸化、土传病害等一系列问题，果树栽培可以通过采用无土栽培解决实际生产中的土壤问题。

第二节 塑料大棚

塑料薄膜大棚是采用塑料薄膜覆盖的一种较大型的拱棚,是目前园艺生产中最常见的保护地栽培设施。塑料大棚和温室相比,具有结构简单、建造和拆装方便、一次性投入少等优点。塑料大棚与中小拱棚相比,具有坚固耐用、使用寿命长、棚体空间大、作业方便及有利于果树生长、便于环境调控等优点。

我国利用塑料棚进行蔬菜的设施栽培始于20世纪50年代,随着塑料薄膜在农业上的推广应用,在风障、阳畦、温床等传统技术的基础上,较大规模地发展了小拱棚栽培,只有少数塑料大棚。20世纪60~70年代,由于多功能塑料薄膜的发展和应用,塑料大棚有了较快的发展,当时的塑料大棚主要是竹木和钢筋骨架,由于空间大、操作方便,更符合农艺要求,受到生产者的喜爱。20世纪80年代以来在吸收国外经验的基础上,我国自行研究开发了薄壁热镀锌钢管装配式塑料大棚,形成了工厂化生产的标准化系列大棚产品,成为标准、规范的现代化设施,带动了我国塑料大棚栽培的快速发展。

图 2 - 16 果树生产塑料大棚

一、塑料薄膜大棚的类型

塑料薄膜大棚按棚顶形式可分为拱圆形棚和屋脊型棚两种。拱圆形大棚对建造材料要求较低,具有较强的抗风和承载能力,是生产中的主要类型。屋脊形大棚虽然透光和排水性能良好,但因建造施工复杂,且棱角多,易损坏塑料薄膜,生产上很少采用。

按塑料大棚的覆盖形式可分为单栋大棚和连栋大棚两种。单栋大棚是以竹木、钢材、混凝土构件及薄壁钢管等材料焊接组装而成,连栋大棚是用两栋或两栋以上单栋大棚连接而成,优点是棚体大,保温性好,但通风性较差,两栋的连接处易漏水,北方冬季不易除雪。连栋式大棚因利用面积大,四周低温带少,用材省,气温稳定,作业条件好,在20世纪70年代曾盛行一时,后因不抗风,不耐雪压,高温时棚内热气难以排出,影响植物生长,于20世纪80年代初逐渐被淘汰。单栋拱圆形大棚建造容易、取材方便、结构牢固、薄膜易于固定、抗风雪能力较强、维修及使用方便,被普遍使用(图2-17)。

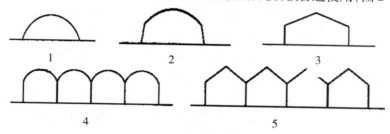

图2-17 塑料薄膜大棚的类型

1~3为单栋大棚 4~5为连栋大棚

塑料大棚的朝向多以南北延长,特点是采光性好,光照和温度分布较均匀。目前,塑料大棚按骨架结构材料主要可分为竹木结构大棚、钢结构单栋大棚、钢竹混合大棚和镀锌钢管装配式大棚等类型。

(一)竹木结构大棚

竹木结构大棚的结构在各地不尽相同,但其主要参数和棚形基本一致。大棚的跨度8~12米、长度40~60米、高度2.4~2.6米;由立柱(竹、木)、拱杆、拉杆、吊柱(悬柱)、压杆(或压膜线)和地锚等构成。优点是取材方便,造价低廉,建造容易;缺点是棚内柱子多,遮光率高,作业不方便,寿命短,抗风雪荷载性能差(图2-18)。

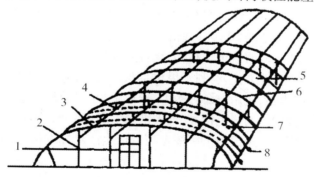

图2-18 竹木结构大棚示意图(单位:米)

(邹志荣,2002)

1.门 2.立柱 3.拉杆 4.吊柱 5.棚膜 6.拱杆 7.压杆 8.地锚

(二)钢结构单栋大棚

钢结构单栋大棚是在竹木结构大棚的基础上发展起来的,是用钢筋、钢管或两种结合焊接而成,大棚由拱架、拉杆组成,全棚无立柱,空间大,利于果树的生长发育和人工作业,但是一次性投资较大。钢结构单栋大棚因骨架结构可以分为单梁拱架、双梁平面拱架、三角形(由三根钢筋组成)拱架等不同类型。通常大棚宽10~12米,高2.5~3.0米,长50~60米。单栋面积多为666.7米^2。

钢结构大棚的拱架是由上弦杆、下弦杆及连接上下弦的腹杆焊成的网状构架或平面桁架。桁架是上弦杆多用 16 毫米的圆钢或直径 25 毫米的钢管,下弦杆用 12 毫米的圆钢,腹杆用 6～10 毫米的钢筋焊接而成的。大棚的桁架间距 1.0～1.2 米,相互间用 16 毫米的钢筋作水平和斜向拉杆焊接固定。拱架上覆盖塑料薄膜,拉紧后用压膜线或 8 号铁丝压膜,压膜线两端固定在地锚上。这种结构的大棚,骨架坚固,无中柱,棚内空间大,透光性好,作业方便,是较好的设施。但钢结构大棚耗钢量大,焊接点多,建造安装费工费时,建造成本较高。这种骨架需涂刷油漆防锈,1～2 年需涂刷一次,比较麻烦,如果维护得好,使用寿命可达 8～10 年。

(三)钢竹混合大棚

钢竹混合大棚每隔 3 米左右设一平面钢筋拱架,用钢筋或钢管作为纵向拉杆,每隔约 2 米一道将拱架连接在一起。在纵向拉杆上每隔 1.0～1.2 米焊一短立柱,在短立柱顶上架设竹拱架,与钢拱架相同排列。棚膜、压杆(线)及门窗等均与竹木或钢筋结构大棚相同。

钢竹混合结构大棚用钢量少,棚内无立柱,既可降低建造成本,又可改善作业条件,避免支柱的遮光,是一种较实用的结构。但棚体的负载量偏低,遇大风或大雪时,应及时增加中立柱加固,以防塌棚。

(四)镀锌钢管装配式大棚

20 世纪 80 年代,我国一些单位研制出了定型设计的装配式管架大棚。这类大棚多是采用热浸镀锌的薄壁钢管为骨架建造而成的。

镀锌钢管装配式大棚的骨架的拱杆、纵向拉杆、端头立柱均为薄壁钢管,相互间用专用卡具连接成一体,所有构件和卡具均经过热镀锌防锈处理,是工厂化生产的工业产品,已形成标准、规范的 20 多种规格的系列产品。

镀锌钢管装配式大棚的造价较高,但购置后配件安装建造方便,并可拆卸迁移,棚内空间大、遮光少、作业方便,有利于果树生长。大棚的构件重量轻、抗腐蚀、整体强度高、承受风雪能力强,使用寿命可达 15 年以上,是目前最先进的大棚结构形式。镀锌钢管装配式大棚的结构规范标准,可大批量工厂化生产,在经济条件允许地区可以大面积推广。大棚骨架全部由工厂按定型设计生产出标准构件,运至现场安装后就可投入生产。

二、塑料薄膜大棚的结构

早期的塑料薄膜大棚的骨架为竹木结构,由立柱、拱杆(拱架)、拉杆(纵梁、横梁)、压杆(压膜线)等部件组成,俗称"三杆一柱",即立柱、拱杆、拉杆、压杆。这是塑料薄膜大棚最基本的骨架,其他结构的骨架都是在此基础上演化而来的。大棚骨架使用的材料比较简单,容易造型和建造,因大棚的结构是由各个部件组装成的一个整体,故选料要恰当,施工要严格。

早期大棚的立柱在棚内纵横呈直线排列,支撑拱杆和棚面。立柱粗度为 5～8 厘米,横向排列每 2 米左右一根,中柱最高,一般 2.4～2.6 米,中柱两侧的立柱逐渐变矮,形成自然拱形。立柱纵向多为6排,分为中柱、腰柱和边柱,由高到低。两侧里对称分布。两根中柱间距2米,中柱与腰柱、腰柱与边柱相距2.5米。中柱高2～2.5米,两侧立柱依次降低30～50厘米,边柱距棚边1米左右。边柱向外倾斜呈70°,以增强大棚的支撑能力。大棚内纵向每隔0.8～1.0米一根立柱,与拱杆间距一致,因棚内立柱多,不但遮阴面积大,作业也不方便,可采用"悬梁吊柱"结构。悬梁吊柱是用固定在拉杆上的小悬柱代替立柱。小悬柱高约30厘米,在拉杆上的间距为0.8～1.0米,与拱杆间距一致,一般可使立柱减少2/3,大大减少立柱形成的阴影,利于光照,也便于作业。

塑料大棚的拱杆决定了大棚的形状和空间构成,对棚膜起到支撑的作用。拱杆可用直径3～4厘米的竹竿或宽约5厘米、厚约1厘米的毛竹片按照大棚跨度的要求连接构成。拱杆两端插入地中,其余部分横向固定在立柱顶端,成为拱形,通常每隔0.8～1.0米一道拱杆。塑料大棚的拉杆起纵向连接拱杆和立柱,固定压杆,将大棚骨架连成一体的作用。通常用3～5厘米的细竹竿作为拉杆,拉杆长度与棚体长度一致。塑料大棚的压杆或压模线位于棚膜之上、两根拱架中间,起压平、压实、绷紧棚膜的作用。由于压模线比压杆位置和松紧度易于调整,与棚膜接触更紧密、更能压实棚膜,生产中逐渐取代了压杆。

塑料大棚的棚膜一般选择塑料大棚专用的0.1～0.12毫米厚聚氯乙烯(PVC)或聚乙烯(PE)薄膜,以及0.08～0.1毫米的乙烯－醋酸乙烯薄膜。塑料大棚专用的薄膜一般比非专用膜具有抗老化、无水滴、透光性好、不挥发有害气体等特点,使用寿命长,有利于果树正常生长发育。塑料大棚用的铁丝粗度为16号、18号或20号,主要用于捆绑、连接、固定压杆、拱杆和拉杆。大棚两端各设供出入用的大门,门的大小要考虑作业方便,太小不方便进出,太大不利于保温。

随着园艺作物保护地栽培生产的发展,早期的竹木结构大棚已很少见到了,逐渐被钢结构和镀锌管组装式塑料大棚所取代。钢结构和镀锌管组装式塑料大棚不但完全取消了棚内的立柱,而且拱架的距离加大,拉杆的数量减少,压膜线完全取代了压杆,并由专用的卡具或焊接取代了铁线的捆扎;大棚的高度和跨度进一步加大,单棚面积增加,但建材的不同牢固度和抗风载、雪载的能力更高;大棚骨架的遮光率降低,透光率提高,光照分布更均匀;棚内空间更大,不但为果树生长提供了更有效的空间,棚内作业也更方便。

三、塑料薄膜大棚的性能

(一)温度
塑料大棚的覆盖材料塑料薄膜具有易于透过短波辐射、不易透过长波辐射的特点,密闭条件也减少了棚内与棚外的空气交换,导致棚内晴天温度上升迅速,晚间还具有一定的保温作业。这种现象称作"温室效应",是塑料大棚的气温一年四季高于露地的主要原因。塑料大棚受自然环境特别是棚外气温和光照的影响,棚内的温度存在明显的日变化和季节变化。

塑料大棚内温度的日变化表现为白天气温高,夜间气温低,昼夜温差则依天气变化而异。通常塑料大棚内的温度在晴天或多云天气,日出前气温最低,要比露地低温出现时间延迟,低温持续的时间也短;日出后 1~2 小时气温迅速升高,7~10 时气温回升最快。棚内每日最高温多出现在 12~13 时,比露地最高温出现的时间早,高温时棚内外的温差可达 12~13℃,最高可达 15℃。在下午 14~15 时以后棚温开始逐渐下降,日出前的棚温最低时棚内外最低温差为 2~4℃。大棚内气温的日变化比棚外更剧烈,棚内外最高气温的差异因天气而异,晴天差异大,多云或阴雨天差异小。东北地区 3 月上中旬,塑料大棚内的平均气温一般比露地高 8~12℃,最低气温比露地高 2~5℃。塑料大棚最低气温的高低因天气条件和棚内土壤贮热量而异,露地最低气温为 -3℃ 时,大棚内最低气温一般不低于 0℃。所以,通常露地最低气温稳定通过 -3℃ 的日期,可以近似地作为大棚最低气温稳定通过 0℃ 的日期,对预防棚内冻害有一定参考意义。在塑料大棚采取通风、浇水等人工措施后,会缩小大棚内外的温度差异,也能够减小大棚的温度日较差。

塑料薄膜大棚的气温存在明显的季节变化。我国北方地区,每年冬季 12 月下旬到翌年 1 月下旬,塑料大棚内气温最低,多数旬平均气温在 0℃ 以下,不能进行园艺生产;2 月上旬至 3 月中旬,棚内气温明显回升,旬平均气温可达 10℃ 以上,采取人工措施可防止气温降到 0℃ 以下,抗寒性果树逐渐开始萌芽或返青生长。每年 3 月中下旬气温尚低时,晴天大棚内最高气温可达 38℃,比露地高达 15℃ 以上;进入 4 月,棚内最高气温可达 40~50℃,易出现高温危害。虽然塑料大棚春季温度回升快,但在无保温覆盖时棚内夜间温度仅比露地高 3℃ 左右,不能过早栽培园艺植物,通常应比露地栽培提早 30 天左右播种,提早 20 天左右定植为宜。塑料大棚的地温变化趋势与气温基本相似,但与气温变化相比变化的幅度小、速度慢,并明显延迟。

塑料大棚内不同部位受棚体结构和外界环境影响,存在较明显的温度差异,温度分布不均匀。白天棚中间的温度高,北边温度低,相差约 2.5℃;上部温度高,下部温度低。夜间基本相反,北部温度高,南部温度低;下部温度高,上部温度低。常常会造成果树长势中间强、两边弱的现象。

我国从 20 世纪 60 年代后期普及塑料大棚生产以来,为了提高塑料大棚的保温性能,进一步提早和延晚栽培时期,采用过大棚内套小棚、小棚外套中棚、大棚两侧加草苫,以及采用固定式双层大棚、大棚内加活动式保温幕等多层覆盖方法,都能够明显地提高保温效果。

(二)光照

塑料大棚的光照条件与塑料薄膜的透光率、太阳辐射强度、天气状况、大棚方位及结构等条件有关,光照强度存在明显的日变化、季节性变化和分布不均的现象。

塑料大棚内的光照强度随着季节和天气的变化而异,外界光照强,棚内的光照也相对增强。晴天时棚内的光照明显强于阴雨和多云天气。一般大棚内的光照强度随"冬—春—夏"的季节变化不断增强,透光率也不断提高。

塑料棚内水平方向的不同位置间光照强度有明显差异,南北延长的大棚上午东侧光照强度大,西侧小,下午相反,全天两侧相差不大,东西两侧边缘与中间有一弱光带。东西延长的塑料大棚内平均光照强度高于南北延长的塑料大棚,但棚内全天南部光照明显高于北部,南北最大可相差20%,分布明显不均,所以塑料大棚的方位以南北延长为好。塑料大棚内越接近地表,光照强度越弱,越靠近棚面,光照强度越强。南北延长的大棚两侧靠近侧壁处的光照较强,中部光照较弱。塑料大棚的透明覆盖材料的性质和质量对光照有一定影响,一般无滴膜优于普通膜,新膜优于老化膜,厚薄均匀一致的膜要优于厚度不匀的膜。

(三)湿度

塑料大棚的空间小,气流较稳定,温度较高,水分蒸发量大,环境密闭,在寒冷季节不易与外界空气对流,经常出现高湿现象。在大棚密闭条件下,空气湿度的变化主要决定于两个方面,一是地表蒸发量和果树的蒸腾量的大小,二是棚内温度的高低。水分蒸发和蒸腾量较大时,空气的绝对湿度和相对湿度都较高;棚内温度较高时空气湿度相对较低,温度降低时湿度明显增加。

露地只有在降水或早晨日出前的短时间内,空气相对湿度才能超过90%。但在塑料大棚内,即使在无雨的白天相对湿度也可能达到90%以上;在夜间、阴天和雨雪天气,特别是棚内温度较低的时候,空气相对湿度极易达到饱和或接近饱和状态。棚内过高的湿度影响果树的生长发育,易导致植株的徒长和某些病害的发生和蔓延。通常塑料大棚内在早春和晚秋的空气湿度最高,夏季由于温度高和通风换气,空气相对湿度较低。

(四)气体

气体条件对植物生长发育具有十分重要的意义,露地栽培的园艺果树由于空气流通顺畅,对植株生长发育影响较小。在塑料大棚栽培时由于环境密闭,限制了棚内外的空气流通,容易造成棚内白天(特别是上午 11 时以后)CO_2 的匮乏,限制了园艺植物的光合效率,应进行补充 CO_2。

在采用炉火加温、施肥不当或使用了不适宜的温室建筑材料和棚膜时,也容易产生和累积有害气体,不但能够危害果树的生长发育,严重时可能危及人体健康甚至导致死亡。常见的有害气体主要有氨气、二氧化氮、二氧化硫等。

1. 氨气(NH_3) 在温室内空气中氨气浓度达到 5 毫克/升时,可使果树不同程度受害,达到 40 毫克/升并且持续 24 小时,几乎任何果树都会受害,严重者甚至直接枯死。氨气危害多发生在植株生命活动较旺盛的中部叶片,是从叶片的气孔和叶缘的水孔侵入体内,首先使叶片出现水浸状斑,叶内组织白化、变褐,最终枯死。温室氨气的产生和积累主要是由于施肥不当造成的,如直接在地表撒施碳酸氢铵、尿素,施用未充分腐熟的有机肥和在温室内发酵鸡禽粪及饼肥,都会直接或间接释放出氨气。棚内氨气的检测方法是在每天早晨揭开草苫后,测定棚膜内水滴的 pH,如果 pH 在7.5 以上,表明可能有氨气发生或积累,应及时通风处理,避免或减轻氨气危害。

2. 二氧化氮(NO_2) 在温室内二氧化氮浓度达到 2 毫克/升时,可使植株叶片受害,叶现白斑。二氧化氮的发生有两个基本条件,一是土壤酸化,二是土壤中有大量氮积累。在大量增施氮肥情况下容易诱发棚内二氧化氮的产生和积累。二氧化氮气体的危害症状与氨气危害相似,区别的简易方法是用 pH 试纸测试棚膜内水滴,当水滴的pH <6.5 时,表明可能有二氧化氮发生或积累,应及时采取措施,避免或减轻危害。

3. 二氧化硫(SO₂)   在温室中二氧化硫的浓度达到 0.5 ~ 1.0 毫克/升时,会对果树造成危害。初期受害果树叶片出现萎蔫和水浸状斑,然后逐渐转变成白色或深绿色斑,严重时在叶片上出现界限分明的点状或块状坏死。二氧化硫气体危害多发生在用硫黄粉熏蒸消毒不慎,或者燃煤中含有的硫化物烟气进入温室中,尤其是日光温室采用炉火加温时,应注意二氧化硫危害。

四、塑料大棚在果树生产中的应用

近年来,塑料大棚在果树栽培上广泛应用,但塑料大棚的保温性有限,棚内温度高、温差大、湿度大,要根据不同果树的特点,合理使用塑料大棚。据观测,在晴朗的白天,棚内升温快,可高于棚外 15 ~ 25℃;而深夜或清晨,棚内气温只高于棚外 1 ~ 3℃。连绵的雨雪天气,白天棚内气温也只高于棚外 2 ~ 4℃。东北地区塑料大棚栽培果树,在选择适宜的果树种类和品种的基础上,冬春季应注意低温危害,春夏季应防止高温危害,并及时通风降低湿度,防止病虫害的发生。

耐寒性较强的果树在长江流域只要在低温时稍加保护即可在休眠状态下安全越冬。在北方大棚栽培要注意冬季晴天通风降温,如果温度过高,能够打破休眠,进入生长状态,抗寒能力将大大降低,从而导致受冻。如在早春以催花为目的的栽培,可适当提高棚内温度。需要在较高温度越冬的喜温果树,不能在大棚越冬,必须在高温温室越冬,到翌年春季大棚内温度达到要求后再移入棚内栽培。

冬季或早春开花的果树,北方栽培时应在温度较高的温室内越冬,春季回温后再移入大棚栽培。白天气温保持在 15 ~ 20℃,棚内气温过高时应通风降温;夜间一般应保持在 5℃以上,温度过低应保温或加温,确保棚温达 0℃以上。大棚内空气湿度大,植株易感染黑斑病、白粉病、灰霉病等真菌病害,应在白天温度高时适当通风降温。不同果树对温度的需求有明显差异,为便于管理,大棚内最好栽培同一品种,如果没有条件也应按对温度的要求分类种植,必要时可采用塑料薄膜隔离。在一个大棚内,南面光线强,温度高,北面光照弱,温度相对低些,要注意合理安排或轮换。休眠越冬的果树,要停止施肥,控制浇水,保持半干旱状态,以防烂根死苗。在棚内生长的果树也要适度控制浇水,见干见湿,经常通风锻炼,保持苗壮生长。

东北地区早春栽培时为提高大棚温度,防止果树的冻害和寒害,可以在晴天的夜间在大棚外加草帘、纸被等保温材料覆盖,阻止夜间热量散失,对大棚保温效果明显。可在大棚内再扣一个简易棚,即双层棚,两层塑料薄膜间距离最好在 10 毫米左右,中间的空气导热系数较小,保温的效果较好,棚内温度较稳定;也可以在大棚内扣小拱棚,并在小棚上加保温覆盖。在温度较低时,也可采用电热或锅炉加温,但加温能量消耗较大,成本较高,多在短期低温和雨雪天结合前两项措施应用。

第三章

设施果树栽培调控技术

提要：设施条件下，果树只有打破休眠，植株的萌芽、开花、结实等才能正常进行，否则将影响植株的发育进程，造成设施生产的失败。

第一节 设施果树的休眠及打破休眠技术

一、设施果树的休眠

(一)果树的休眠

果树的休眠是指果树的芽或其他器官处于维持微弱生命活动而暂时停止生长的现象。处于休眠阶段的果树需要在一定的低温条件下经过一段时间才能通过休眠,进入正常的生长发育阶段。休眠是落叶果树在进化过程中形成的一个特殊生命现象。落叶果树的休眠有自然休眠和被迫休眠两种,自然休眠指即使给予适宜生长的环境条件,仍不能发芽生长,而要经过一定低温条件解除休眠后才能正常萌芽生长的现象;被迫休眠指植株已经通过自然休眠,但外界的环境条件不适合而无法正常萌芽生长的现象。

(二)果树的需冷量

果树通过自然休眠需要一定时间和一定程度的低温条件,叫低温需冷量。自然休眠的需冷量,一般以芽需要的低温量表示,即在7.2℃以下需要的小时数。各种设施栽培模式对不同熟期品种的需求,往往与该品种通过自然休眠的需冷量直接相关,即促成栽培需要休眠浅的早熟和极早熟品种,延迟栽培需要休眠深的晚熟品种。

二、打破休眠技术

(一)低温打破休眠技术

通常采用的方法是在外界稳定出现低于7.2℃温度时扣棚,同时覆盖保温被或草帘,白天棚室内处于黑暗条件,降低棚内温度,夜间打开保温被或草帘的通风口,创造0~7.2℃的低温环境,快速打破休眠。这种方法简单有效,运行成本低,是设施生产上应用最为广泛的打破休眠技术。

生产中有利用冷库进行低温处理打破休眠的报道,其中在草莓生产中已广泛应用,即在草莓苗花芽分化后将秧苗挖出,捆成捆放入0~3℃的冷库中,保持80%的湿度,处理20~30天,即能打破休眠。生产中进行甜樱桃促成栽培时有采用人工制冷促进打破休眠的例子,采用容器栽培的果树均可以将果树置于冷库中处理,满足需冷量后再移回设施内进行促成栽培,或人为延长休眠期进行延迟栽培。

(二)人工调控休眠技术

在自然休眠未结束前,欲提前升温需采用人工打破自然休眠技术。目前应用比较成功的是用石灰氮打破葡萄休眠、用赤霉素打破草莓休眠,采取这些人工措施均可以打破休眠。

石灰氮（$CaCN_2$）化学名称叫氰氨化钙,在设施条件下对葡萄、桃、油桃、观赏桃等有打破休眠的作用。在葡萄上应用效果显著,可使设施葡萄提早萌芽 15～20 天,提早开花 10～12 天,提早成熟 14 天。使用方法是用 5 倍石灰氮澄清液涂抹休眠芽,即在 1 千克石灰氮中加 5 升温水,多次搅拌,勿使其凝结,2～3 小时后,用纱布过滤出上清液,加展着剂或豆浆后涂抹休眠芽。通常在自然休眠趋于结束前 15～20 天使用,涂抹后即可升温催芽。

应用赤霉素处理在草莓上具有打破休眠、提早现蕾开花、促进叶柄伸长的效果。使用方法是用 10 毫克/升赤霉素喷布植株,尽量喷在苗心上,每株 5 毫升左右,处理适宜温度为 25～30℃,低于 20℃效果不明显,高于 30℃易造成植株徒长,处理时间在阴天或傍晚时。赤霉素处理通常在设施开始保温后 3～4 天,如配合人工补光处理,喷 1 次即可。对没有补光处理或休眠深的品种可间隔 10 天后再处理 1 次。

第二节　果树限根栽培调控技术

一、限根的概念

限根是指采取各种措施限制、调控果树根系的生长发育进程,从而调控植株整体生长发育进程。这一新技术的原理是将根系置于一个可控的范围内,通过控制根系生长来调节地上部和地下部、营养生长和生殖生长的关系。限根栽培则是指将根系限制在一定范围内改变其体积和数量、结构与分布,来合理调节根系,优化根系功能,从而调节整个根系功能,实现高效、优质的一项技术。

二、限根栽培的作用

☞ 阻碍了根系的生长,根的数量减少,总根长和总根重减少,根系的密度增加,细根量显著增加。

☞ 限根后地上部的生长受影响很明显,叶片数量、叶面积减少。

☞ 限根栽培使树冠体积减小,能使果树花期延后,花芽数、花芽密度增加。

☞ 限根后由于根系受到逆境胁迫,根系和木质部汁液中脱落酸（ABA）含量增高,植株根冠比增加。

三、栽植方式

(一)台式栽植

设施内采用台式栽植具有提高土壤温度、改善土壤通透性、提升土壤肥力、便于管理等诸多优点。具体起垄（高台）规格为：垄高 40～50 厘米，垄宽 80～120 厘米（图 3－1）。采用台式栽植的果树吸收根多，根系垂直分布浅，树体矮化紧凑，易形成花芽，促进早期丰产。樱桃、杏、桃、设施葡萄栽培可采用台式栽植。

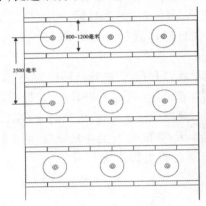

图 3－1　果树台式栽植示意图

（二）平面栽培技术

利用设施的土地平面进行果树定植栽培的模式，是目前最常规的栽培方式（图 3－2）。

图 3－2　果树平面栽培

（三）立体栽培技术

立体栽培技术是充分利用设施内的空间，采用具有一定高度的栽植架、栽植槽和吊盆进行设施果树栽培的一项技术（图 3－3）。采用立体栽培技术具有提高单位面积产出，增加经济效益的作用。设施草莓栽培中采用立体栽培技术获得成功的实例较多。

图 3 – 3　果树立体栽培示意图

第三节　设施果树栽培环境调控技术

一、光照条件及其调控技术

(一)光照条件

设施内的光照条件主要指光照强度、光照时数、光照分布和光质四个方面。

1. 光照强度　光照强度是透入设施内的可见光强度,与果树的光合作用有直接关系。由于设施栽培生产主要在冬春弱光季节进行,室外自然光照弱,加上屋面透明材料对光照的阻挡,造成光线减弱,室内光照强度较弱是设施栽培中普遍存在的问题。影响光照强度的因素主要有温室方位、屋面角度、薄膜透光率及天气状况等。

2. **光照时数** 光照时数是一天内光照时间的长短，它直接影响果树光合作用时间，从而影响光合产物的积累。设施果树生产主要在冬春季进行"反季节"栽培。此时昼短夜长，白天光照时间较露地正常生产缩短了很多，这对果树生长发育尤为不利。所以，在北方冬季设施生产过程中，应尽量做到早揭帘、晚放帘，有条件的可利用灯光补充光照，延长光照时间。

3. **光照分布** 光照分布均匀，果树生长发育一致，才能获得高产。但设施内往往由于建筑方位不当，骨架遮阴等原因，使光照分布不均匀。光照分布一般规律是由南向北光照强度逐渐减弱。另外，设施栽培的果树栽植密度都比较大，如果修剪不当，往往造成郁闭现象，同时由于室内无风，树冠内膛及下部叶片处于微弱的光照条件，光合效率低而成为无效叶片。所以内膛及下部枝条生长细弱，花芽分化不良，落花、落果严重，果品质量差。

4. **光质** 设施内进入的光在质量上要全面，不仅要有足够的可见光，还应有必要的紫外光，这样才能保证果树生长健壮。聚乙烯薄膜虽然透过可见光的能力弱，但透紫外光的能力较强，所以采用聚乙烯薄膜为覆盖材料的温室果树生长较好。

(二) 光照条件调控技术

1. **减少遮阴面积** 建造采光强度大、立柱少、土地利用率比较高的棚型。除减少骨架遮阴外，温室可采用梯田式栽培，后高前低，减少遮阴，增加光照面积；南部光照好，可以密植，北侧光差宜稀植；采用南北行栽植，加大行距，缩小株距或采用主副行栽培等均可减少植株间遮阴。树体生长期适时夏剪，通过疏密、拉枝及剪截等方法改善树冠光照条件。另外，树体过于高大郁闭不易控制时要适时间伐换株，可以隔行换株逐步更新，不影响产量。

2. **清洁透明屋面** 经常擦、扫透明屋面，减少污染，可以增强透光率；采用保温幕和防寒裙等设施，白天要及时揭开增加透光率；草苫、纸被等防寒物要早揭晚盖，尽量增加光照时间。为减少棚膜老化污染对透光率的影响，最好每年更新棚膜。

3. **增加反射光** 在冬春弱光季节，利用张挂反光幕改善室内光照分布、增加光照强度。阳光照到反光幕上后，可以被反射到树体或地面上，靠反光幕越近，增光越多，距反光幕越远，增光效果越差。反光幕反光的有效范围一般为距反光幕3米以内。不同季节太阳高度角不同，反光幕增光效果也不同。冬季太阳高度角低，反光幕上直射光照射时间长，增光效果好。但由于张挂反光幕，会减少墙体蓄热量，对缓解温室夜间低温不利，这是张挂反光幕的不利一面。因此，在温室升温后至果树大量展叶之前以保温为主时，一般不张挂反光幕；在大量展叶后，树体生长发育旺盛，叶片光合作用对光照强度要求较高，且外界夜间气温较高时，可张挂反光幕改善光照条件。

4. **棚室补光** 光照不足是设施内普遍存在的问题，棚室内通常采用白炽灯（长波辐射）与白色日光灯（短波辐射）相结合进行补光。遇到连阴天会严重影响棚内植物的正常生长，这时就要考虑利用人工照明的方法来补充光照。一般可在棚内悬挂生物效应灯，既可补充光照，又能提高棚内温度。

5. **遮阴**　遮阴的目的是降低室温或减弱光照强度。设施果树栽培普遍存在光照不足问题,在室内高温难以控制时,可进行以降温为目的的短时间遮阴。可用遮阳网或草帘遮阴,也可采用有色薄膜进行遮阴,或扣膜后覆盖草苫遮阴。

6. **延长光照时间**　天气正常情况下,要尽量早揭和晚盖草苫以增加光照时间。阴天的散射光也可增光,只要温度下降不严重就要揭开草苫。

7. **选择优质棚膜**　设施的覆盖材料应使用透光率高、保温性能好、无滴的优质棚膜。利用各色农膜的功能,也可达到显著增产效果。目前生产中应用较为普遍的设施果树塑料薄膜即覆盖材料,按合成的树脂原料不同可分为聚乙烯棚膜、聚氯乙烯棚膜、乙烯 – 醋酸乙烯棚膜。其中聚乙烯膜应用最广,其次是聚氯乙烯棚膜。生产中按性能特点又分为普通棚膜、长寿棚膜、无滴棚膜、漫反射棚膜、复合多功能棚膜等。对挂有较大水滴,严重影响棚内透光的普通膜,可通过喷施无滴剂消除水滴,增加透光率。

二、温度条件及其调控技术

(一)温度条件

1. **气温条件**　设施内的温度受外界温度的影响有明显的日变化和季节性变化。日出后揭开覆盖物,阳光射入设施内,棚室内温度迅速上升,14 时左右达到最高温,以后随外界气温下降而降低,16 时以后迅速降温。晴朗、无云的白天,棚室内经常出现高于 $30\,℃$,甚至达 $40\,℃$ 以上的高温,如不及时采取通风换气等降温措施将影响植株的发育,生产中在白天高温期必须采取通风换气把温度控制在 $30\,℃$ 以下。棚室内气温的季节性变化与外界气温变化趋势基本相同,但棚室内气温的季节性变化幅度较外界气温变化幅度小。1 ~ 4 月棚室内外温差大,温室效应明显;5 月以后,棚室内外温差逐渐减小,所以从 4 月下旬开始可逐步撤除防寒覆盖物。

2. **土壤温度**　土壤温度是影响设施栽培的一个重要因素。土壤散热途径多,升温缓慢,在开始升温后,往往气温已达到生育要求,但地温不够,使果树迟迟不萌动。棚室内具有特殊的热传递情况,特别是薄膜阻止了土壤向室外的直接热辐射,这是棚室内土壤温度高于外界土壤温度的原因。土壤温度日变化不似设施内气温变化那么明显,昼夜温差也较气温小。由于设施内大幅度地提高冬春季节的室内气温,从而使植物有效生育期得以大大延长。

(二)温度调控技术

设施内果树不同树种、不同物候期对温度要求不尽相同。应根据植株对环境条件的要求加以调控,使果树处于生长发育最为有利的条件。

1. **降温**　晴朗的白天,密闭棚室内高温现象经常出现,超过果树生育适宜温度要求,需要进行降温。降温方法主要有以下几种:

(1)**遮阴降温**　主要在果树休眠期应用,扣膜后马上覆盖草苫,室内得不到太阳辐射,创造较低的温度环境,满足果树需冷量要求,及早解除休眠。在生长期出现高温,而其他方法降温有困难时,可短时间采用遮阴的方法。由于遮阴削弱太阳光照强度,影响光合作用,故不能长时间使用。

(2)通风换气降温 通过换气窗口排出室内热气换入冷空气以降低室温。换气分自然换气和强制换气两种,目前生产中绝大多数都采用自然换气。

2.**保温** 保温措施是设施内重要的环境调控技术手段,可根据果树各生育期对温度的要求进行调控。室温偏低时应加强增温保湿,夜间保温除覆盖草苫外,可增加棉被覆盖,双层草苫覆盖,搭脚草苫和撩草等提高保温效果。此外,采用地膜覆盖可以减少土壤水分蒸发,增加土壤蓄热量,有利于保温。

三、湿度条件及其调控技术

(一)湿度条件

1.**空气湿度** 空气相对湿度与果树蒸腾作用和吸水有着密切的关系。在空气相对湿度较低时,果树蒸腾较旺,吸水较多,因而需水量较大。因此,在一定程度上相对较低的空气湿度对果树生长有利。空气相对湿度太高,抑制了果树的蒸腾作用,对果树生长有一定影响,同时还影响果实成熟,降低产量和品质,且易造成虫害的蔓延。设施栽培相对湿度的日变化与室温日变化曲线恰好相反。在晴天早晨气温低、相对湿度高,随日出气温升高后相对湿度开始下降,到 8 ~ 9 时急剧下降,14 时左右空气相对湿度降至 20% ~ 40%,达最小值;以后随室温降低空气相对湿度升高,15 ~ 16 时急剧增至 90% 左右,并一直保持到次日日出以前,夜间湿度变化很小。阴天及雨雪天,棚室内气温低、变化小,而且换气量小呈密闭状态,室内空气相对湿度较高,日变化很小,整天处于高湿状态(空气相对湿度 90% 左右),对果树生长极为不利。另外,空气相对湿度还与棚室大小有关,高大棚室空气相对湿度低,且局部湿度过高,如温室两头湿度高,中间湿度低。就一般情况而言,在果树生长季内,以日平均相对湿度在 80% 左右为宜,高于 90% 或低于 60% 都是不利的,需要加以人工调节。

2.**土壤湿度** 土壤湿度直接影响果树根系的生长及对肥料的吸收,间接影响地上部生长发育。土壤干旱,果树蒸腾失水,水分平衡状态受到破坏,抑制果树生长;土壤积水,土壤中气体减少,根系缺氧。一般来讲,土壤容水量在 80% 以上时,土壤空气就会缺少;土壤容水量在 60% ~ 70%,果树生育最好。棚室由于薄膜覆盖与外界隔离,没有天然降水,土壤湿度只能靠人工灌水来调控,同时考虑到土壤湿度与空气湿度和土壤蓄热量的密切相关性,因此,棚室灌水技术要求更严格。

(二)湿度调控技术

设施内的湿度调节,必须根据果树各生育期对湿度的要求合理进行。湿度过低时,可用增加灌水、地面和树上喷水等方法将湿度提高。然而,室内湿度过低现象很少,而高湿现象是普遍存在的。降低温室内湿度最有效的办法是换气和覆地膜。

1.**换气** 棚室湿度过大时,要及时通风换气,将湿气排除室外,换入外界干燥空气。但必须正确处理保温和降湿之间的矛盾。通风换气后,排到室外的空气,既是湿空气,也是热空气;而从室外进来的空气,既是干空气,也是冷空气。换气的结果必然是湿度降低,温度也随之下降。室内空气相对湿度的变化,正好与温度的变化相反。

一般都是温度提高时,湿度变小;温度降低时,湿度加大。棚室的湿度是早晨最高,14时最低,如果在早晨高湿时换气,室温本来就很低,再通风换气造成降温,果树易受到伤害。所以换气要在9时前后室温开始升高并且外界气温稍高时进行,换气量和换气时间都应严格掌握。

2.**地膜覆盖** 棚室内覆地膜,可使覆盖的地面蒸发大大减少,从而达到保持土壤水分、降低空气湿度的目的。还可以减少灌水次数,保持土壤温度。地膜覆盖一般在温室升温前后灌一次透水后进行,株、行间全部用地膜覆盖严密,接缝用土压好。

四、气体条件及其调控技术

(一)二氧化碳(CO_2)浓度条件及其调控技术

1.**二氧化碳(CO_2)浓度条件** 大气中二氧化碳(CO_2)的含量为0.03%,若人工提高二氧化碳(CO_2)浓度,则植物光合作用效率高,获得更高的产量。设施栽培条件下,由于设施密闭,室内二氧化碳(CO_2)含量通常较高。白天太阳出来以后,随着植株光合作用的进行,室内二氧化碳(CO_2)含量逐渐减少,而且往往低于外界大气中的含量;但随着温度上升,通过揭开草帘换气后又接近大气含量。

2.**二氧化碳(CO_2)的调控技术** 设施内早晨的二氧化碳浓度较高,但光线弱,温度低,光合速率低;中午前后二氧化碳浓度低,而光合速率较高。可见棚室中增施二氧化碳,能提高群体的光合速率,提高果树的产量。施用二氧化碳一般有直接施用法和间接施用法。直接施用法是利用固态二氧化碳(干冰)补充设施内二氧化碳的浓度。间接施用法是增施有机肥料,不仅可以增加土壤营养,同时有机肥料分解可增加设施内二氧化碳的含量。

(二)有毒气体条件及其调控技术

设施内除了进行二氧化碳(CO_2)调控以外,也要重视防止一氧化碳、氯气、二氧化氮等各种有毒气体的累积,以免对果树植株造成伤害。

1.**设施内氨气(NH_3)和二氧化氮(NO_2)条件及其调控技术** 设施内若过多施用氮肥,特别是施用碳酸铵和硝酸铵肥料会分解释放出氨气和二氧化氮,对果树的叶片产生伤害。防止有毒气体的措施是合理选用适当的棚膜和肥料,并注意适时进行通风换气。具体为:

☞ 少量多次施用氮肥,最好与过磷酸钙混施,可抑制氨气挥发。

☞ 酸性土壤施用石灰,可防止二氧化氮挥发。

☞ 避免大量施用未腐熟厩肥、鸡粪和人粪等有机肥。

☞ 施肥后及时覆土,多浇水。

☞ 适量施用碳铵和硝铵。

☞ 加强通风换气,经常检查室内水滴的pH。

2.**设施内二氧化硫(SO_2)和一氧化碳(CO)条件及其调控技术** 设施内二氧化硫和一氧化碳的来源,主要是由于不合理施肥以及棚室内增温材料不完全燃烧产生的,对果树的危害以慢性伤害为主,长期积累会影响果树的正常生长。设施内应预防二氧化硫和一氧化碳气体危害,使用含硫低的燃料,并充分燃烧,封闭烟道缝隙;不施未腐烂有机肥;加强通风换气;发现有刺激性气体,应立即采取通风等措施调控。

3. 设施内乙烯(C_2H_4)和氯(Cl_2)条件及其调控技术　设施内乙烯和氯气等主要是由于使用不符合环保要求的塑料薄膜产生的,是劣质聚氯乙烯农膜经阳光曝晒或高温下挥发产生。乙烯是重要的植物激素之一,广泛存在于植物体内,对植物生长发育尤其是植物成熟和衰老起着十分重要的调节作用。但乙烯浓度过高就会对果树产生危害,表现为植株矮化、顶端优势消失、叶片下垂、花果畸形等。氯气主要通过叶片上的气孔进入植物体内,与植物细胞中的水分子结合,形成盐酸和次氯酸。通过施用安全无毒、符合生产使用标准的塑料棚膜,设施内及时通风等措施加以调控。

五、土壤条件及其调控技术

(一) 土壤条件

设施内的土壤往往易出现盐分过高的现象,主要原因是肥料的施用量大,特别是氮肥的施用过多,造成土壤溶液中硝酸离子、亚硝酸离子、铵离子及土壤溶液中的氯离子、硫酸离子、钙离子、镁离子等离子发生积聚,并在水分的不断蒸发过程中在表层积累下来。土壤中的盐分主要集中分布在 0 ~ 10 厘米的表层,对果树根系生长造成严重的影响。此外,设施内还会产生土壤连作障碍问题,造成土传病虫害加重,果树根系分泌自毒物质也会对植物生长产生抑制作用。

(二) 土壤调控技术

针对设施内土壤条件实际情况,要注意合理施肥,减少盐分积累,减少次生盐渍化、减少硝酸盐积累;消灭土壤中的有害病原菌、虫害等;夏季高温季节,利用设施环境休闲期进行太阳能消毒;增施有机肥、施用秸秆来改善土壤理化性状,疏松透气,提高土壤含氧量,促进果树根系发育。

第四节　设施果树栽培的农业现代化技术

物理农业是物理技术和农业生产的有机结合,是利用具有生物效应的电、磁、声、光、热、核等物理因子操控动植物的生长发育及其生活环境,促使传统农业逐步摆脱对化学源肥料、化学农药、抗生素等化学品的依赖及自然环境的束缚,最终获取高产、优质、无毒农产品的农业。在设施密闭条件下,果树生长空间和周围的环境条件发生很大变化,对植株生长发育规律及环境适应性产生很大的影响。采用现代化的物理农业技术,将有力地改善设施内的环境条件,为设施果树成功栽培创造良好的条件,推广利用的前景十分广阔。

一、温室电除雾防病促生技术

温室电除雾防病促生系统，采用物理方式杀灭病虫害，可以防治空气传播的病害，杜绝化学农药的使用，从根本上解决设施内环境安全和农药残留问题。通过温室电除雾防病促生技术可打破以往"先污染、后治理"的恶性循环模式，改善空气质量，具有经济效益和环境保护的双重优势。利用该技术产生的空间电场能够极其有效地消除温室内的雾气、空气微生物等微颗粒，彻底消除果树在封闭环境的闷湿感、建立空气清新的生长环境。

温室电除雾防病促生系统是果树等优质无公害作物，在寒冷季节生产的保障设备。该技术对设施内果树的生长有很好的促进作用，不仅加快了果树对二氧化碳的吸收，促进果树植株体内糖类、蛋白质等干物质的合成，快速促进果树生长并提高果实品质和产量；而且降低了果树的光补偿点，延长光合作用时间，建立了提高果树根系活力及果树生长速度的空间电场。在空间电场作用下，植株体内钙离子浓度随电场强度的变化而变化，进而调节着植物的多种生理活动，促进植物在低地温环境中对肥料的吸收，增强植物对恶劣气候的抵御能力。

二、烟气电净化二氧化碳增施技术

增施二氧化碳能促使果树花芽分化，控制开花时间，且高浓度二氧化碳与空间电场结合具有产量倍增效应，而且果实口感好，特别是糖度增加显著。在温室内建立空间电场是提高果树二氧化碳吸收速率和同化速度的最有效措施。烟气电净化二氧化碳增施技术除了净化烟气获得二氧化碳以外，还可以电离空气产生空气氮肥，同时将烟气二氧化碳转化为预防白粉病的特效药剂。

烟气电净化二氧化碳增施技术适用于占地 667 米^2 以内的温室使用，特别适用于寒冷季节有人居住的、带有操作间、耳房的温室使用或设有集中供暖的温室园区使用。主要解决冬季温室植物产品生产中的二氧化碳亏缺及白粉病预防问题，最大限度地提高产量和果实含糖量。利用烟气电净化二氧化碳增施技术净化获得的净化气体能够有效预防多种气传病害，对草莓、葡萄等白粉病、白霉病、灰霉病、霜霉病等真菌性病害预防十分有效。该机器主要由烟气电净化主机、吸烟管、送气管、液肥管组成，其中烟气电净化主机包含烟气电净化本体、控制器。铺设技术要点：送气管铺设在地面，其管道铺设高度一般为 1.2 ~ 1.5 米，果树植株叶片越浓密，管道铺设越低。

三、温室病害臭氧防治技术

臭氧是一种非常强的氧化性气体，能够很有效地对空气进行灭菌消毒和除臭作用。在设施植物保护领域的应用始于 1993 年，2000 年才开始正式推广应用。当臭氧浓度在一定范围内且作用一定的时间条件下，果树生长期间的气传病害，诸如灰霉病、霜霉病等病害可得到有效控制。

温室病害臭氧防治技术适用于占地 667 米² 以内的温室使用，主要解决冬季温室植物产品生产中诸如灰霉病、霜霉病等气传病害及疫病、蔓枯病等部分土传病害的防治问题。特别应注意，冬季长期使用时，臭氧输送管内易积水，且因臭氧化空气含有氮氧化物，日积月累积水就会形成强硝酸，放流时应格外注意，不要溅洒在身上或植株上。

四、土壤电消毒法与土壤连作障碍电处理技术

土壤电处理技术是指通过直流电或正、负脉冲电流在土壤中引起的电化学反应和电击杀效应，来消灭引起果树生长障碍的有害细菌、真菌、线虫和韭蛆等有害生物，并消解前茬果树根系分泌的有毒有机酸的物理植保技术。利用土壤电处理技术进行土壤消毒灭虫，是通过埋设在土壤中相距一定距离的两块极板通电完成的，其中在极板中央土壤中还需布设介导颗粒和撒施强化剂及灌水。土壤电处理技术具有操作方便、消毒灭虫效果好、可在植物生长期进行处理等优点，将成为土壤处理领域的先进技术。截止到 2010 年，土壤电处理技术已在瓜菜类蔬菜枯萎病、黄萎病、根结线虫病防治方面取得了成功。在果树生长过程中也可采用电处理方法防治土壤病虫害，对于微生物引起的枯萎病、黄萎病、猝倒病等，可在大水灌溉后的第三天至第五天处理，处理时间以 2 个小时为好。

五、多功能静电灭虫灯技术

在设施生产过程中，蚜虫、白粉虱、斑潜蝇、双翅目害虫、鞘翅目害虫、鳞翅目害虫、蚊子、苍蝇等一直是传播病害、影响果树生长的主要因素。多功能静电灭虫灯能有效地杀灭多种害虫如苍蝇、蚊子、蚜虫、白粉虱、斑潜蝇、蓟马等，电极产生的高压静电还可吸附空气中的病菌和灰尘，起到净化空气的作用。

工作原理：设备分为灭虫筒体、托盘、黑光灯、光控器、吊绳、静电电源六大部分。其中，灭虫筒体分为诱虫蓝色和黄色两种，其上涂有吸附电极，通电时灭虫筒周围的电极就会产生高压静电，设备所带的高压静电具有强力的吸附能力，能将临近的飞虫吸附到电极上，电极所带的高压电能将其迅速杀死。黄色引诱趋黄色的蚜虫、白粉虱、斑潜蝇等接近灭虫筒体，蓝色引诱蓟马接近灭虫筒体，黑光灯也能有效地吸引双翅目害虫、鞘翅目害虫、鳞翅目害虫、蚊子、苍蝇等害虫。在温室内则利用光控器控制黑光灯白天熄灭，夜晚开启。

注意事项：

☞ 不得使用尖锐器物刻划筒体表面。

☞ 不得使用火焰或高温烘烤。

☞ 灭虫灯工作时不得用手触碰电极。

☞ 清理电极时一定要切断电源后半小时再清理。

☞ 做简单的维修时一定要切断电源。

☞ 灭虫灯应放在包装箱内,放置于通风干燥处。如包装箱损坏,请将灭虫灯吊于室内保管。

☞ 装车或运输时一定要按照包装箱上的标识装车,严禁平放或倒置。仓库要阴凉干燥,叠放高度不得超过四层。

六、LED 补光技术

光照是植物生长最重要的环境因子,适宜的光环境是实现果树优质高产的首要前提。目前常用的人工光源荧光灯含有较多的蓝光,白炽灯和高压钠灯含有较多的红外光,其发射的光谱均是固定的,不能进行有效的光环境调节。采用 LED 作为植物光合作用的补充照明,不仅能够克服传统的人工光源因产生过多的热量、发光效率低等劣势,而且具有改善植物生存环境的作用。采用 LED 照明,电能高效转变为有效光合辐射后,最终产生的植物光合物质得以增加。而在光合作用中补照某种颜色的 LED 光可以大大提高植物光合作用的效率与速率。在混有蓝光的红光条件下,果树的光合作用效果比较理想。

第四章

设施草莓栽培

20世纪90年代后期，辽宁省、河北省、山东省、浙江省、安徽省、四川省、上海市和北京市等成为我国重要的草莓产区，设施草莓栽培模式、育苗方式和栽培技术处于相对发达的水平，实现了草莓鲜果供应期从11月到翌年6月，不仅延长了市场供应期，更增加了生产者和经营者的经济效益，而且成为许多地区高效农业的主导产业。

第一节　设施草莓栽培的生产概况

一、设施草莓栽培历史

草莓是蔷薇科、草莓属的多年生常绿草本植物,是一种世界范围内广泛栽培的小浆果,其产量及面积在各种小浆果生产中居首位。世界上进行草莓栽培始于14世纪,目前世界各国几乎都有草莓栽培,涌现出诸如美国、波兰、西班牙、日本和韩国等草莓生产大国。19世纪,在荷兰和法国等国家出现了双面玻璃温室,用于草莓温室栽培,世界各国逐渐开始设施草莓栽培的研究工作。19世纪后期,温室栽培技术从欧洲传入美洲及世界各地,建造单面温室逐渐得到应用推广,以地面栽培为主的设施草莓栽培模式得以快速发展。亚洲国家中的日本在设施草莓品种选育、栽培技术革新及设施环境条件调控等方面一直处于世界领先水平,20世纪90年代后期,对设施草莓栽培模式进行革新,作为省力化栽培典范的草莓高设栽培方式应运而生,并逐渐推广应用,成为目前生产中一种重要的设施栽培形式。

二、我国设施草莓栽培现状

我国草莓栽培始于1915年,目前北起黑龙江省南至广东省均有草莓栽培。到2010年草莓栽培面积已超过200万亩,年产量达200万吨,产量和面积均跃居世界第一位,成为世界性的草莓生产大国。从20世纪80年代中后期,我国开始发展设施草莓栽培,逐渐形成了日光温室,大、中、小塑料棚等多种设施栽培形式,并根据不同区域的气候条件和资源优势特点,形成了具有地方特色的规模化生产基地,涌现出了辽宁省东港市、河北省满城县等我国重要的草莓生产及出口基地。

三、设施草莓栽培的模式

(一)草莓促成栽培技术、半促成栽培技术和早熟栽培技术

1. 草莓促成栽培技术　草莓促成栽培是指采用休眠浅的早熟品种,使植株不经过休眠过程而直接进行加温生产草莓鲜果的一种栽培模式。采用促成栽培进行草莓生产具有鲜果上市早、供应期长、产量高、效益好等优点,受到广大消费者和生产者的欢迎。在我国冬季气候寒冷、寡日照的北方地区,为了给温室中的草莓植株创造符合生长发育的环境条件,日光温室中常有加温设备等设施进行草莓促成栽培;而在我国南方地区,由于冬季气候不是十分寒冷,在塑料大棚内加扣中、小拱棚或挂幕帐可替

代加温设备进行草莓促成栽培。采用促成栽培可使草莓果实在当年 12 月至翌年 2 月提早成熟上市,果实主要供应元旦和春节市场。

2. **草莓半促成栽培技术** 草莓半促成栽培是指采用中等休眠深度的品种,使植株经历低温打破休眠而生产鲜果的一种栽培模式。半促成栽培选择适宜的升温时间,对成功栽培尤为重要。如果保温过早,则植株经历的低温量不足,升温后植株生长势弱、叶片小、叶柄短、花序也短,抽生的花序虽然能够开花结果,但所结果实小而硬,种子外凸,影响产量和品质;若保温过晚,则草莓植株经历的低温量过多,植株会出现叶片薄、叶柄长等徒长症状,而且大量发生匍匐茎,消耗大量养分,不利于果实的发育。在我国北方地区,利用日光温室进行草莓半促成栽培,冬季不用加温,所以生产成本较低,效益也较好。而在我国南方地区,利用塑料大棚进行草莓半促成栽培较常见,草莓栽培的面积很大。

3. **草莓早熟栽培技术** 草莓塑料拱棚早熟栽培是我国草莓栽培的一种重要形式,是在露地栽培基础上发展起来的一种栽培方式,其特点是:①在草莓植株已经完全通过自然休眠后开始保温,促使草莓提早开花结果,可比露地栽培草莓提早 20 ~ 30 天成熟,效益较好;②拱棚以竹片、木杆等作骨架,结构简单,建成样式多,投资少,见效快;③不必过多考虑草莓的休眠、花芽分化问题,生产技术相对简单,在我国南、北方草莓产区应用较为普遍。

(二)平面栽培、立体栽培与高设栽培

1. **平面栽培** 草莓平面栽培是指利用地表平面进行草莓生产的一种栽培方式,目前我国绝大部分草莓栽培采取这种方式。与立体栽培相比,平面栽培投资少、技术简单,但对温室内的空间利用率不高。草莓平面栽培一般以普通园土为养分来源,采用膜下滴灌的灌溉方式(图 4 - 1)。

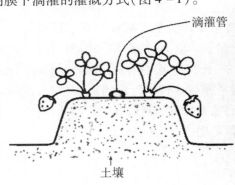

图 4 - 1 草莓平面栽培示意图

2. **立体栽培** 立体栽培指充分利用温室的地表、后墙空间,达到高产的一种栽培模式。采用立体方式栽培草莓可以充分利用温室的空间,增加草莓定植数量,提高单位面积的产出,获得较高产量。草莓立体栽培的方式有多种,常见的有:①利用后墙的立体栽培;②利用整个温室空间的槽式立体栽培等(图 4 - 2)。

图4-2　利用日光温室的草莓立体栽培

3. **高设栽培**　草莓高设栽培指利用一定的架式设备,在距地表一定距离的栽植槽中进行草莓生产的一种模式。草莓定植在装有栽培基质的槽中,通过滴灌管供应营养液(图4-3)。采用高设栽培有很多优点:①高设栽培模式下的草莓植株距离地表大约1米,可以减少人工弯腰工作的强度,节省日常管理的时间;②草莓果实悬在半空中,减少了与灌溉水的接触,很大程度上减少了因湿度过大造成的病害;③采用高设栽培,草莓花序授粉充分,果实发育正常,果形端正、颜色鲜艳,提高了优质果比例。

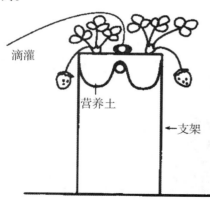

图4-3　草莓高设栽培示意图

第二节　设施草莓栽培的主要品种

一、设施草莓品种的选择

　　草莓促成栽培要求选择具有休眠浅、果形整齐、果面颜色亮丽、丰产性好及抗逆性强等特点的早熟品种。目前生产上适合草莓促成栽培的品种主要分为两类：一类是日本草莓品种，其特点是休眠浅、早熟、香甜、品质好，但果实较软、较不耐贮运。因此，一般在大城市郊区或经济发达地区种植。另一类是欧美国家的早熟草莓品种，其特点是休眠较浅，一般比日本品种略晚熟，品质略差，但产量高、果实硬度大、耐贮运。因此，一般在较偏远地区种植。目前国内草莓促成栽培广泛种植的品种主要有丰香、幸香、枥乙女、章姬、红颜和甜查理等。草莓半促成栽培和早熟栽培要求选择低温需求量中等（需冷量在 400～800 小时），果大、丰产、耐贮性强的草莓品种，通过近几年的栽培生产实践来看，全明星、新明星和宝交早生等品种比较适合。

二、设施草莓栽培的主要品种

（一）红颜（图 4-4）

图 4-4　红颜

　　日本草莓品种，是日本静冈县杂交育成的早熟栽培品种，亲本为章姬×幸香。该品种植株较直立，生长势强，叶色淡绿色，有光泽。果实整齐，圆锥形，果面呈鲜红色，果肉黄、白色，味甜，风味浓，有香气。一、二级果平均单果重 28 克，最大单果重 100 克，可溶性固形物 12%～14%，丰产性能好，亩产可达 2 700～3 300 千克。适合日光温室及大棚设施促成栽培。

（二）枥乙女（图4-5）

日本草莓品种，中熟品种。1990年在枥木县杂交育成，亲本为久留米49号×枥峰，从后代中选出优系枥木15号，1996年正式定名为枥乙女。该品种植株长势强旺，叶色深绿，叶片大而厚，大果型品种。果圆锥形，鲜红色，具光泽，果面平整，外观品质好。果肉淡红，果心红色。果实汁液多，酸甜适口，品质优。果实较硬，耐贮运性较强。抗病性较强，较丰产。

图4-5 枥乙女

（三）章姬（图4-6）

图4-6 章姬

日本草莓品种，1985年在静冈县杂交，亲本为久能早生×女峰，1992年正式登录命名。该品种植株高，生长强旺，叶片大但较薄，叶片数较少。果实较大，长圆锥形，外观美，畸形果少。果面红色，略有光泽。果肉淡红色，果心白色，品质好，味甜。果较软,不适于远距离运输。花序长,每花序上果较少,第一级序果大,但后级序果较小,与第一级序果相差较大。极早熟品种,休眠期很短。章姬在丰产性、果实硬度等方面不如女峰,但果实早熟及果形呈长圆锥形是其突出特点。适合设施促成栽培。

(四)幸香(图4-7)

日本草莓品种,1987年在久留米杂交育成,亲本为丰香×爱美,1996年正式登录命名。该品种植株长势中等,叶片小,且明显小于丰香、章姬、爱美、枥乙女、女峰等大多数品种,植株新茎分枝多。果实中等大小至较大,大果率略低于丰香,果实圆锥形,光泽好,果面红色至深红色,明显较丰香色深。部分果实的果面具棱沟。果肉淡红色,香甜适口,品质优。果实硬,明显硬于丰香,耐运性也优于丰香。单株花序数多,可达3~8个,丰产性强。中熟品种,植株较易感白粉病和叶斑病。适合日光温室促成栽培。

图4-7 幸香

(五)丰香(图4-8)

图4-8 丰香

日本品种,1984年公布发表。亲本为绯美×春香,现为日本的主栽品种之一。植株生长势强,株形半开张,匍匐茎粗,繁殖能力较强。叶片大且厚,浓绿,叶面平展。花低于叶面。果实圆锥形,一级序果平均单果重25克,果面鲜红,有光泽,果肉浅红或黄白色,果心较充实,酸甜适中,香味浓,品质好。该品种休眠浅,5℃以下低温经40~50小时即可打破休眠,适于保护地促成栽培。早熟丰产,抗病性、抗逆性较强,但对草莓白粉病抗性弱,生产上应注意防治。适合设施促成栽培。

(六)图得拉(图4-9)

西班牙早熟品种。该品种植株生长健壮,半开张。叶片大,浅绿色。果面鲜亮红色,果肉硬,表皮抗机械压力能力强。果实呈长圆形,一级序平均单果重33克,最大果重50~75克。果实品质中上,耐贮运性较强,在设施栽培时具有连续结果能力,丰产性强,亩产可达3 500千克以上,适合日光温室半促成栽培。

图4-9　图得拉

(七)甜查理(图4-10)

图4-10　甜查理

美国早熟草莓品种。该品种植株生长势强,株形半开张,叶色深绿,椭圆形,叶片近圆形,叶片大而厚,光泽度强,叶缘锯齿较大钝圆,叶柄粗壮有茸毛。浆果圆锥形,大小整齐,畸形果少,表面深红色有光泽,种子黄色,果肉粉红色,香味浓,甜味大。第一级序果平均单果重41克,最大果重105克。单株结果平均达500克,每亩产量可达4 000千克。该品种休眠期较短,抗病害性强,适应性广,适合日光温室半促成栽培。

(八)全明星(图4-11)

美国草莓品种。该品种植株生长健壮,叶片颜色深。果实为大果型,平均单果重21克,最大果重达50克,果实硬,耐贮运性强,丰产,一般设施栽培亩产可达2 000～2 500千克。中熟,品质偏酸,有香味。适于半促成栽培和早熟栽培。

图4-11　全明星

(九)新明星

从全明星植株中选育的优良品种。该品种植株长势强,高大直立。叶片较大,椭圆形。果实呈圆锥形,平均单果重25克,果肉橙红色,髓部时有中空,多汁,甜酸适口。果实坚韧,硬度大,耐贮性好。植株丰产性好,适合日光温室半促成栽培。

(十)宝交早生

日本草莓品种,由八云和达娜杂交育成,是日本主栽品种之一。该品种植株长势较强,较开张,抽生匍匐茎能力强。花序平或稍低于叶面。果实中等大小,第一级序果平均单果重20克,最大单果重36克,果实圆锥形,果面鲜红色,有光泽。种子红色或黄绿色,凹入或平嵌在果面。果肉橙红色,髓心稍空。早熟品种,味香甜,品质优,丰产性好。一般亩产2 000千克以上。植株抗寒力较强,抗病力较弱,特别易感灰霉病和黄萎病。适合半促成栽培和早熟栽培。

第三节　设施草莓栽培的生物学习性

一、草莓植株的形态特征

（一）茎

草莓的茎有三种,即新茎、根状茎、匍匐茎。

1. **新茎**　新茎为草莓的当年生茎,着生于根状茎上。新茎是草莓发叶、生根、长茎形成花序的重要器官。新茎顶部长出花序,下部产生不定根。新茎粗度是设施草莓苗木评价标准的重要指标之一。

2. **根状茎**　根状茎是草莓的多年生短缩茎,是贮藏营养物质的器官,其上着生叶片,叶腋部位可形成腋芽。腋芽具有早熟性,当年可形成腋花芽,在设施内可保证实现连续结果能力。

3. **匍匐茎**（图4-12）　匍匐茎是草莓的主要营养繁殖器官,由新茎的腋芽萌发形成。草莓植株都具有抽生匍匐茎的能力,抽生匍匐茎的多少因品种、年龄等有所不同而不同。要使母株发生匍匐茎,必须先获得足够的低温,然后长日照和高温条件也得到满足,才能促进匍匐茎的发生。

图4-12　草莓匍匐茎

(二)叶(图4-13)

草莓的叶片是由3片小叶组成的基生羽状复叶。由于外界环境条件和植株本身营养状况的变化,不同时期长出的叶片其寿命长短不一,一般在30~130天。设施条件下,保留更多的健康功能叶片,对提高产量有显著效果。

(三)花和花序(图4-14)

草莓的花是虫媒花,大多数品种为两性花,自花授粉能结实。在配置两个以上品种时互相授粉,产量则可显著提高。草莓的花序属聚伞或多歧聚伞花序,一个花序上可生长7~20朵花不等。花序上的花是陆续开放的,顶端的中心花先开,结果也最大,称一级序果。花期

图4-13 草莓叶片

较长(15~20天),花序上后期开的花,往往有明显的开花而不结果的现象,这种花称为无效花。设施条件下,进行花序整理对果实产量和品质形成影响很大。

图4-14 草莓的花、花序

(四)果(图4-15)

图4-15 草莓果实

草莓的果实由花托膨大发育而成。柔软多汁属于浆果。果实的形状、颜色因品种和栽培条件而异。形状有圆形、圆锥形、楔形等，果面及果肉颜色有红色、粉色、橙红色，也有白色微带红色。果心有空、实之别。由于花序上花的开放先后不同，因而同一花序上的果实成熟期和大小也不相同。早开放的花早结果，果个也较大。后期结的果实逐渐变小，小到无采收价值，这样的果称为无效果。

（五）根系

草莓的根由生长在新茎和根状茎上的不定根组成，属于须根系。根系分布较浅，主要分布在地表下 20 厘米深的土层内。因此，设施条件下，进行肥水管理要注意施肥数量和距离根系的远近。

二、草莓对环境条件的要求

（一）温度

温度是草莓生长发育的必要因子，它对温度的适应性较强，其生长发育期需要较凉爽的气候条件。设施内 10 厘米土温稳定在 $1 \sim 2℃$ 时，草莓根系开始活动，气温在 $5℃$ 时，植株萌芽生长，此时抗寒能力低，遇到 $-7℃$ 的低温时就会受冻害，$-10℃$ 时则大多数植株死亡。因此，一定要注意设施内的早期保温措施。草莓植株生长发育最适宜温度为 $20 \sim 26℃$。开花期低于 $0℃$ 或高于 $40℃$ 的温度都会影响授粉受精过程，影响种子的发育，致使产生畸形果。设施内草莓畸形果比例高，与开花期经历低温有很大关系。草莓花芽分化必须在低于 $17℃$ 的低温条件下才开始进行，而降到 $5℃$ 以下花芽分化又会停止。

（二）水分

草莓根系分布浅，加之植株矮小而叶片大，水分的蒸腾面积大。在整个植株生长期，几乎都在进行着老叶死亡、新叶发生的频繁更替过程，这些特性都决定草莓对水分的高要求。草莓苗期缺水，阻碍植株茎、叶的正常生长；结果期缺水，影响果实的膨大发育，严重降低产量和果实质量。草莓繁殖圃地缺水，匍匐茎发出后扎根困难，明显降低出苗数量。另一方面草莓又不耐涝，长时期积水会影响植株的正常生长，严重时会使植株窒息死亡。

（三）光照

草莓是喜光的植物，但又比较耐荫。设施草莓生产阶段正逢低温、寡日照的冬季，而受覆盖材料透光率等条件限制，设施内往往易出现弱光现象，会影响植株的生长发育和浆果的品质形成。因此，加强设施内光照条件的调控管理，对设施草莓成功栽培非常重要。

（四）土壤

草莓的根系分布浅、叶片蒸腾大，要达到优质、丰产的生产要求，栽植的表层土壤应具备良好肥水条件。此外，草莓适于在 pH 为 $5.5 \sim 6.5$ 的土壤中生长，盐碱地、石灰土、黏土的土壤条件都不适宜栽植草莓。因此，疏松、肥沃、透水、通气良好及微酸性的土壤环境条件，是获得设施草莓栽培成功的关键因素之一。

第四节　设施草莓的建园技术

一、设施园地的选择与准备

　　根据草莓植株对土壤、水分及光照等条件的要求,设施草莓生产的园地应选择地势稍高、地面平坦、排灌方便、土壤肥沃、通气性强的地块。栽植前彻底清除地里的杂草,施足有机肥,认真整地、作畦或打垄。翻耕过的土壤必须强调整地质量,要求沉实平整,以免栽植后浇水引起秧苗下陷,埋住苗心或秧苗被冲、被埋,影响草莓植株成活。

二、棚室的类型和结构

　　用于设施草莓生产的设施类型很多,国内常见的有日光温室、塑料大棚和塑料薄膜拱棚等。

(一) 日光温室

　　日光温室是保温效果好、功能较完备的一种设施类型。温室南屋面用塑料薄膜作为透明保温覆盖材料,北面建成保温墙体,支撑塑料薄膜的骨架用竹木、钢筋材料制成。温室以东西走向为宜,方位是南偏西5°~10°,但在矿区、早晨雾多地区,温室方位应东偏北5°,这样可充分利用光照。

　　1.**鞍Ⅱ型塑料薄膜日光温室**(图4-16)　这种温室是在吸收了各地日光温室优点的基础上,经多年探索改进,由鞍山市园艺研究所研制成功的一种无支柱钢筋骨架

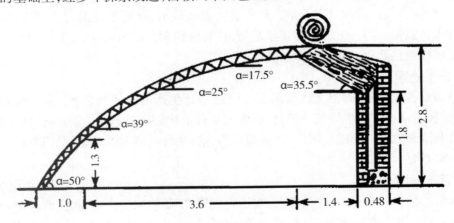

图4-16　鞍Ⅱ型塑料薄膜日光温室示意图(单位:米)

日光温室。整个温室跨度6米,中脊高2.8米,后墙高1.8米,在"丁"字形砖结构中

加 12 厘米厚的珍珠岩,使整个墙体厚度达 0.48 米。前屋面为钢筋结构一体化的半圆形骨架,上弦为 4～6 分直径的钢管,下弦为 φ10～12 圆钢,拉花为 φ8 圆钢。温室的后屋面长 1.8 米左右,仰角 35.5°,水平投影宽度 1.4 米,从下弦面起向上铺一层木板,向其上填充稻壳、玉米皮、作物秸秆、抹草泥,再铺草,形成泥土与作物秸秆复合后坡,厚度不小于 60 厘米。这种温室前屋面为双弧面构成的半拱形,下、中、上三段与地面的水平夹角分别为 39°、25° 以及 17.5°,抗雪压等负荷设计能力为 300 千克/米²。目前,这种温室在北方很多地区推广。

2. **辽沈 I 型日光温室** 由沈阳农业大学等单位承担开发的辽沈 I 型日光温室(图 4-17),采光屋面形状优良,进光量较第一代节能型日光温室增加 7%,一般长 50～80 米,跨度 6～9 米,脊高 2.8～3.6 米,后墙高 1.8～2.8 米,后坡宽 1.5～2 米,后坡上仰角 35°～40°。一般后墙每隔 3 米左右开一个直径 30 厘米的通风口,通风口距地面 1.0～1.5 米。外横墙(山墙)厚度与后墙相同,墙体内夹聚苯板、珍珠岩或炉渣,一般多在外横墙开门处连接一个缓冲间。拱架采用镀锌钢管,覆盖聚乙烯或聚氯乙烯薄膜,拉紧后用压膜线或 8 号铅丝压膜,两端固定在地锚上。棚膜多采用透明无滴膜,呈微拱形,共设置三道通风口,第一道在最高处,第二道在 1.0～1.2 米处,第三道在地面压膜处。配套有卷帘机、卷膜机和地下热交换等设备。冬季防寒外覆盖保温材料多采用厚约 5 厘米的草帘,有条件的地区也可以采用轻便且保温效果较好的保温被,同时可以在温室前挖一条宽 30～40 厘米的防寒沟,沟内填草或保温材料填土封严,高出地面 5～10 厘米。该种设施具有保温好、投资低、节约能源的优点,非常适合我国经济欠发达的农村地区使用。在北纬 42° 地区基本不加温可进行果菜越冬生产。优化设计的钢平面桁架能承受 30 年一遇的风雪荷载,用钢量比同类产品低

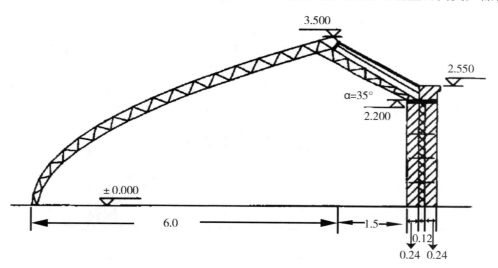

图 4-17 辽沈 I 型日光温室示意图(以跨长 7.5 米为例)(单位:米)

20%,耐久年限可达 20 年,新材料利用率达 30%。研制出的卷帘机、保温被等日光温室配套设施,显著提高了环境调控能力,减轻了劳动强度。研制的日光温室监控系

统,可对保温被、内保温幕、CO_2 施肥、放风等进行初步控制。辽沈 I 型节能日光温室被科技部列为 1999 年国家级重点推广项目计划,取得了 4 项国家专利。

(二) 塑料大棚

塑料大棚通常用竹木、钢材等材料制成拱形骨架,其上覆盖塑料薄膜而成,是具有一定高度且四周无墙体的封闭体系。一般可占地 300 米^2 以上,棚高 2~3 米,宽 8~15 米,长度 50~100 米,既可单栋大棚独立存在,也可以两栋以上连接成连栋大棚,目前在生产上采用单栋大棚栽培草莓的较多。

1. 竹木结构塑料薄膜大棚 大棚跨度 8~10 米,长 50 米以上,中心点高 2~2.5 米,大棚顶部呈弧形(图 4-18)。拉杆用 5~8 厘米粗的木杆或竹竿制成,立柱为粗竹竿、木杆或水泥柱,每排 4~6 根,东西距离 2 米,南北方向距离 2~3 米。木质立柱基部表面炭化后埋入土中 30~40 厘米,下垫大石块作基石,拉杆用铁丝固定在立柱顶端下方 20 厘米处,小支柱用木棒制成,长约 20 厘米,顶端做成凹形,用于放置拱杆,下端钻孔固定在立柱上。拱杆由 3~4 厘米粗的竹竿制成,两侧下端埋入地下 30 厘米左右,盖上棚膜后,在两拱杆之间用压杆或压膜线压好,压杆安好后,大棚的棚顶呈波浪形。

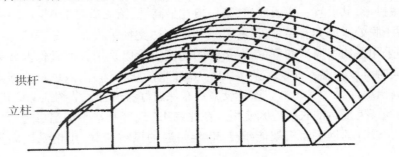

拱杆
立柱

图 4-18 竹木结构塑料薄膜大棚示意图

这种塑料大棚投资相对少,成本较低,且取材十分方便,但缺点是大棚内因立柱较多影响光照,作业不太方便,结构不牢固,抗风雪能力差,使用年限短。

2. 钢筋骨架无支柱塑料薄膜大棚 大棚跨度 8~12 米,脊高 2.4~2.7 米,每隔 1~1.2 米设一拱形钢筋骨架,骨架上弦采用 φ16 钢筋,下弦用 φ14 钢筋,拉花用 φ12

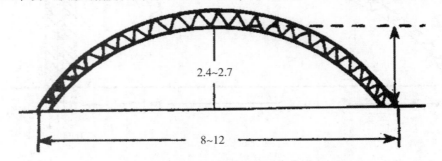

2.4~2.7

8~12

图 4-19 钢筋骨架无支柱塑料薄膜大棚示意图(单位:米)

或 φ10 钢筋(图 4-19)。骨架两个底脚焊接一块带孔底板,以便与基础上的预埋螺栓相接,也可用拱架底脚的上下弦与基础上的预埋钢筋相互焊接在一起。各拱架立好后,在下弦上每隔2米用一根纵向拉杆相连。为防止骨架扭曲变形,可在拉杆与骨架相连处,从上弦向下弦的拉杆上焊一根小的斜支柱。

这种大棚结构合理,比较牢固,抗风雪能力强,因大棚内无支柱,故作业十分方便,而且采光好。由于骨架结实,人可在其上行走,揭放草帘很方便。但缺点是大棚骨架所需钢材多,造价高。

(三)塑料薄膜拱棚

塑料薄膜拱棚是目前应用最广泛的栽培设施之一。塑料薄膜拱棚作为设施栽培的一种形式,具有用材多样,来源广泛,结构简单,建设灵活,可大可小,投资少,建造快,管理用工少,操作方便等诸多特点。栽培草莓的塑料薄膜拱棚有大、中、小三种规格。

1. **小拱棚** 小拱棚高50厘米,宽80~100厘米不等,南北走向,棚骨架主要以竹木为材料,竹骨架长2米,呈弓形,两端插入地下各10~15厘米,骨架间距为1米,棚膜覆盖后由竹片将棚膜固定,底角用土固定(图4-20)。

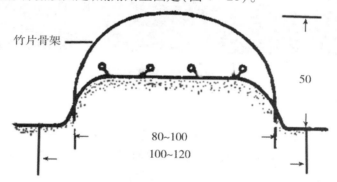

竹片骨架

50

80~100
100~120

图4-20 草莓小拱棚栽培示意图(单位:厘米)

2. **中拱棚** 棚高1米,宽2米左右(图4-21),骨架用竹片经火烤成弧形,两端埋入土中20厘米,骨架弧顶内侧用3厘米粗竹竿作为拉杆固定骨架。

图4-21 草莓中拱棚

3. **大拱棚** 大拱棚高1.8~2米,宽5~6米(图4-22)。南北走向,骨架以竹片为主,棚内设有小支柱,材质为木杆、粗竹竿或水泥柱。大棚内基本上人可以直立行走。棚膜覆盖后,在两个骨架间加压膜线,可以有效防止大风。

图4-22　草莓大拱棚

三、品种的配置

虽然草莓自花授粉能结果,且有一定产量,但异花授粉后增产效果明显,加之设施内昆虫较少,无传粉途径。因此,除主栽品种外还应配置授粉品种。大面积栽培时应考虑品种不少于3个;主栽品种与授粉品种相距一般不宜超过30米;同一品种在园内配置应相对比较集中,以便于统一管理和采收。

四、栽植时期

草莓的适宜栽植期因地而异,应根据当地的气候条件、土壤准备(茬口)、劳力安排情况、秧苗发育和准备情况来确定适宜的栽植时期。生产上多在温度适宜、栽植成活率高的秋季进行。一般北方在立秋前后栽植,如辽宁省沈阳及以北地区宜在立秋前栽植,而辽宁省大连地区、山东省及河北省可在立秋后栽植。江苏省、浙江省则在国庆节前后栽植。在条件具备时的栽植原则是宜早不宜晚,而具体确定栽植日期应记住栽早不如栽巧,利用阴天或傍晚栽植成活率高。此外,要考虑栽植成活后应有足够的生育期,使秧苗生长发育健壮,形成充实饱满的花芽,为丰产奠定良好基础。

五、土壤消毒

草莓植株忌重茬,长期连作后草莓黄萎病、根腐病、枯萎病等土传病害发生严重,影响草莓植株的长势和产量,严重时甚至整株绝收。为了确保草莓的优质、丰产,每年草莓植株定植前要对温室内的连作土壤实施消毒。目前最安全的方法是利用太阳热结合石灰氮进行土壤消毒。具体做法是:每 1 000 米² 连作土壤施用稻草或麦秸(最好铡成 4～6 厘米小段,以利于翻耕)等未腐熟的有机物料 1 000 千克,石灰氮颗粒剂 80 千克,均匀混合后撒施于土壤表面。将土壤深翻做垄,垄沟内灌满水,在土壤表面覆盖一层地膜或旧棚膜,为了提高土壤消毒效果,将用过的旧棚膜覆盖在温室的钢骨架上,密封温室。土壤太阳热消毒在 7～8 月进行,利用夏季太阳热产生的高温(土壤温度可达 45～55℃,图 4－23),杀死土壤中的病菌和害虫,太阳热土壤消毒的时间至少为 40 天,以处理后土壤有无杂草生长为评判处理效果的优劣(图 4－24)。

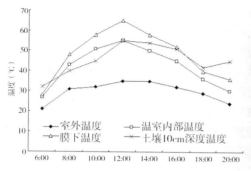

图 4－23 土壤消毒处理温度的日变化　　图 4－24 草莓土壤消毒

六、整地做垄

9 月初平整温室内土地,每亩施入腐熟的优质农家肥 5 000 千克,氮、磷、钾复合肥 30 千克,然后做成南北走向的大垄。日光温室内采用大垄栽培草莓可以增加受光面积,提高垄内土壤的温度,有利于草莓植株管理和果实采收。生产中草莓定植用大垄规格是:垄面上宽 50～60 厘米,下宽 70～80 厘米,高 30～40 厘米,垄沟宽达 20 厘米(图4－25)。

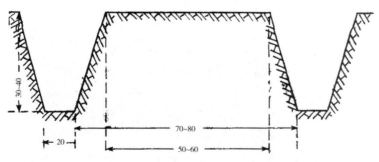

图 4－25 草莓定植大垄规格(单位:厘米)

七、秧苗的准备和选择

为确保栽后成活和高产,草莓秧苗的质量是十分重要的。因此,栽前一定要对秧苗进行严格的选择,备好足够数量的优质秧苗。设施栽培要求栽植后短期内开花结果,因此秧苗必须是经过低温短日照已形成花芽的健壮秧苗。合格壮苗的标准是具有6~8片完全功能叶片,新茎粗15~20毫米,全株重35克以上,地下重10克以上。粗白须根多,已有1~2个花序分化完毕。秧苗随起随栽或用清水洗净泥土,剪留2~3片心叶,装塑料袋内,然后贮藏在-2~0℃的条件下(冷库或冷窖内),再随用随取随栽。

八、定植

根据育苗方式确定草莓植株定植日期。对于草莓营养钵假植苗,当顶花芽分化的草莓植株达假植总量的80%时即可定植,时间通常在9月中旬。营养钵假植苗定植过早,会推迟花芽分化,从而影响植株前期产量;定植过迟,会影响腋花芽分化,出现采收期间隔拉长现象,影响植株整体产量。对于非假植苗,一般是在顶花芽开始分化的前10多天(8月底至9月初)定植。定植后的草莓植株处于缓苗期,而外界的环境条件适合植株花芽分化,此时植株从土壤中吸收氮素营养的能力比较差,有利于花芽分化。定植的草莓植株要求具有5~6片展开的叶片,叶片大而厚,叶色浓绿,新茎粗度要求至少1.2厘米,根系发达,全株鲜重35克以上,无明显病虫害。

草莓植株采取大垄双行的定植方式,植株距垄沿10厘米,株距15~18厘米,小行距25~30厘米,每亩用苗量8 000~10 000株。定植时应保持土壤湿润,最好先用小水将整个垄面浇湿。一般在晴天傍晚或阴雨天进行定植,应尽量避免在晴天中午阳光强烈时定植。定植的深度要求"上不埋心、下不露根"。定植过浅,部分根系外露,吸水困难且易风干;定植过深,生长点埋入土中,影响新叶发生,时间过长引起植株腐烂死亡。定植时一般要求植株弓背定向朝向垄沟(图4-26),这样抽生的花序全部排列在垄沿上,有利于疏花疏果和果实采收。定植后土壤表面要及时浇水,保证植株早缓苗。定植后一周内每天早晨和傍晚各浇水1次,有条件的要适当遮阴。

图4-26 草莓定向定植图

第五节　设施草莓促花技术

一、假植育苗与促进花芽分化的措施

草莓花芽质量的优劣很大程度上决定了植株的产量,创造适宜植株花芽分化的环境条件,是设施草莓成功栽培的关键因素之一。通常外界温度在 17～24℃ 和光照时数少于 12 小时的条件下,草莓植株就可以开始进行花芽分化。自然环境条件下,草莓植株在 9 月上旬开始进入花芽分化期,但采用一些人工调控措施可以提早草莓的花芽分化时间,为草莓早期丰产奠定良好的基础。

(一)假植育苗

假植育苗就是把由匍匐茎形成的子苗在定植到生产田之前,先行移栽到固定的场所进行一段时间的培育。假植育苗的时期以定植前 40～50 天为宜。育苗圃后期草莓子苗密度过大,苗与苗之间营养面积不足,植株生长细弱,不利于花芽的形成。而采取假植育苗可促进植株生长健壮,提早花芽分化,达到早开花结果的目的。植株假植培育的壮苗选择余地大,可以选择整齐一致、带土坨的幼苗定植在温室内,定植成活率高,缓苗快,整株产量高。因此,对于草莓日光温室促成栽培的高产、高效栽培模式,建议利用假植方式培育壮苗。目前生产中草莓假植育苗的方式主要有两种,一是营养钵假植育苗,二是苗床假植育苗。在促进草莓植株花芽分化方面,营养钵假植育苗的效果明显优于苗床假植育苗。

1. 营养钵假植育苗

(1)营养钵的选择　草莓营养钵假植育苗一般选用直径 10 厘米或 12 厘米的黑色塑料营养钵,日本近些年来在推广一种新型的细长的小营养钵,直径 4 厘米、长 15 厘米、容量 115 毫升,因其小型轻量而被称为"爱钵"。栽有草莓的"爱钵"被放在专用架子上,能够高密度放置,1 米^2 约能放置 50 个。

(2)栽培基质的准备　营养钵假植育苗的基质为无病虫害的肥沃土壤,加入一定比例的有机物料,以保持基质的肥力及疏松程度。适宜的有机物料主要包括草炭、山皮土、炭化稻壳、腐叶、腐熟秸秆等,可因地制宜,取其中之一。土壤与有机物料的适宜比例为 2:1。此外,育苗基质中加入优质腐熟农家肥 20 千克/米^3,氮磷钾复合肥 2 千克/米^3。

(3)假植时期　生产中可根据匍匐茎子苗的大小来决定假植时期。对于"三叶一心"的子苗,可在 7 月中下旬假植到营养钵中。在华中地区,每年 6 月就有大量草莓匍匐茎苗发生,可陆续选取刚长根的小匍匐茎子苗栽植到营养钵中进行假植。

（4）假植方式　根据假植到营养钵中的匍匐茎子苗是否与母株相连，营养钵假植育苗又可分为两种方法：装钵法（图4-27）和接钵法（图4-28）。装钵法也称作"切断匍匐茎的盆钵育苗"，即将匍匐茎子苗与母株分离后栽植到营养钵中，然后将

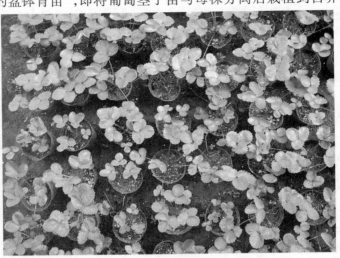

图4-27　装钵法假植育苗

栽有匍匐茎子苗的营养钵排列在苗床上进行日常管理。这种方法管理方便，但是在炎热少雨的夏季，成活率较低。接钵法也称作"不断匍匐茎的盆钵育苗"，将装有基质的营养钵摆放在母株周围，然后将匍匐茎子苗栽植到营养钵中，匍匐茎子苗保持与母株相连，这种方法成活率高，但是管理相对麻烦。目前生产中主要采用装钵法进行匍匐茎子苗的培育。

图4-28　接钵法假植育苗

（5）栽植后管理　对于装钵法，需搭建覆盖遮阳网的小拱棚，在假植后及时进行遮阴处理。子苗栽植后马上浇透水，并不定时喷水以保持土壤湿润，假植期间每天喷水2~3次。待子苗发出新根后，每天喷水1~2次。栽植15天后叶面喷施1次

0.3%尿素溶液,以后每隔10天叶面喷施1次0.5%氮磷钾复合肥溶液。进入8月后停止施氮肥,每隔10天喷1次0.2%磷酸二氢钾。在子苗生长发育中随时摘除抽生的匍匐茎、枯叶和病叶,并进行草莓病虫害的综合防治。

图4-29　营养钵假植育苗

随着假植时间增加,营养钵中的子苗根系会从钵底的排水孔钻出,扎到苗床的土壤中,吸收水分和养分,引起植株徒长,不利于花芽分化。因此,到8月下旬,为了控制植株营养生长及促进花芽分化,可对苗床上的营养钵苗采取转钵断根措施(图4-29),即通过转动营养钵来切断钵外根系与钵内秧苗的连接,减少水分和氮素吸收。

2. 苗床假植育苗

(1)准备苗床　假植育苗床每亩施腐熟有机肥1.5～2米³,然后做宽0.8～1.2米的苗床,一般为高畦,畦高15～20厘米。

(2)栽植时期和方式　在7月上中旬,选择具有3片展开叶片的匍匐茎子苗进行假植,株行距(10～15)厘米×(10～15)厘米(图4-30)。

图4-30　苗床假植

（3）栽植后管理　匍匐茎子苗假植后立即浇透水，并用遮阳网进行遮阴。前几天每天喷2次水（图4-31），以后见干浇水以保持土壤湿润。子苗假植恢复生长后，撤除遮阳网，叶面喷施1次0.3%尿素溶液，之后每10天叶面喷施1次0.2%磷酸二氢钾溶液。子苗发育期间及时中耕锄草，摘除抽生的匍匐茎和枯叶、病叶，并进行病虫害综合防治。

图4-31　苗床假植苗的管理

（4）断根与移植　为了抑制子苗根系吸收氮肥，控制营养生长，促进植株的花芽分化，在子苗定植到生产田前15～20天（8月下旬至9月初）对假植苗进行移植断根处理（图4-32）。具体操作如下：用小铁铲在假植苗圃切土断根，切成正方形或圆柱形边长或直径为7厘米左右的土块，将假植苗与土坨一起移植1个株距，被移植的苗穴要填土复平。在移植断根的前一天傍晚，浇透水，以利于带土移植。移植断根后，子苗在中午时出现暂时萎蔫状态，属于正常现象。

图4-32　假植苗断根处理

（二）促进花芽分化的措施

1. 低温处理　在营养钵假植育苗期间进行低温处理,可以满足草莓花芽分化所需的温度条件,进一步促进草莓花芽的提早分化。低温处理主要分为两种方式:株冷处理和夜冷处理。

（1）株冷处理　将草莓子苗放在温度较低的冷库中处理约半个月,以满足花芽分化对低温的需求。于8月中下旬,选择具有3片完全展开叶片、新茎在1厘米以上的壮苗进行处理。入库时库内温度略低,一般为12～13℃,一周后升至13～15℃。日本的试验结果表明,在8月16～31日对丰香草莓子苗进行株冷处理,果实的开始收获期可提前到11月1日。

（2）夜冷处理　白天将草莓子苗置于自然条件下,夜间置于低温条件下,以提早花芽分化。在8月中下旬,对具有3片完全展开叶片、新茎在0.8厘米以上的营养钵假植苗进行处理。每天光照8小时(8时至16时,晴天用遮阳网适当遮阴),黑暗低温16小时(16时至翌日8时,温度控制在12～14℃)。用可移动多层假植箱将营养钵苗送入特定的冷库,具体方法是把生长健壮的草莓子苗,于8月下旬假植在育苗箱内,从每天16时30分到翌日8时30分放入10～15℃冷藏库中,进行低温处理,白天从库中取出接受阳光照射,每天照光时间以8小时为宜,处理17～22天,可使花芽分化比常规育苗方法提早2周以上。

2. 短日照处理　利用草莓花芽分化需要低温、短日照的特点,在草莓花芽分化以前,给予适当的遮光短日照处理,可使草莓花芽分化期提前。遮光处理可用遮光率为50%～60%的遮阳网遮盖育苗畦,或将遮阳网覆盖在大棚骨架上进行遮光(图4-33)。遮光处理在降低光照强度的同时也降低了植株所处环境的温度,从而起到了促进花芽分化的作用。遮光时间一般自8月中旬开始,到9月中旬花芽分化开始后

图4-33　遮光处理

结束。据试验,这种方法可使气温降低2～3℃,地温降低5～6℃。另外,还可用黑色或银色塑料薄膜覆盖苗畦,从16时至翌日8时进行覆盖处理,把白天日照长度控制在8小时,处理时期为花芽分化前15～20天开始,连续处理15天以上。由于遮光不利于光合作用,所以花芽分化开始后应及时除去覆盖物,使植株多接受直射光,以促进根系生长和花器官的良好发育。

3. **断根**　断根一般是在专用育苗圃或假植育苗圃中进行,在定植前3周开始,隔一周左右断根1次,共1～2次,定植前一周结束。方法是用铁锹或小铲在离植株基部5厘米处切断四周根系,深达10厘米,将土坨向上轻轻撬动;或把植株切断根系后,将植株与土坨一起铲起,并摘除老叶及匍匐茎。然后依次向一边移植1个株距,被移植的苗间要填土覆平。这种方法比较费工,生产上一般只进行1次。断根育苗,可促使草莓苗健壮整齐,使草莓花芽分化期提前15天左右,并可提高果实产量。

第六节　设施草莓栽培调控技术

一、扣棚保温及地膜覆盖

(一)扣棚时间

扣棚是将塑料棚膜覆盖到日光温室骨架上进行保温的一项管理工作。草莓日光温室促成栽培覆盖棚膜时间是在外界最低气温降到6～10℃时。保温过早,温室内温度高,植株徒长不利于草莓腋花芽分化;保温过晚,植株进入休眠,不能正常生长结果,从而影响植株的产量。

(二)地膜覆盖

地膜覆盖是设施草莓栽培中的一项重要土壤管理措施。通过覆盖地膜,不仅可以减少土壤中水分的蒸发,降低日光温室内的空气湿度,减少病虫害发生率,而且能够提高土壤温度,促进草莓根系的生长,从而使植株生长健壮,利于鲜果提早上市。此外,覆盖地膜可以使花序避免与土壤直接接触,防止土壤对果实污染,提高果实商品质量。目前生产中普遍使用黑色地膜,因其透光率差,可显著抑制杂草的生长。覆盖地膜一般在扣棚后10天左右进行。盖膜后立即破膜提苗,地膜展平后,立即浇水。覆膜过晚,提苗时易折断叶柄影响植株生长发育。

二、温度及湿度管理技术

(一)温度管理技术

温度是草莓日光温室促成栽培成功与否的重要限制因子。根据草莓植株的生育

特点,扣棚保温后的温度管理指标如下:

现蕾前:白天温度保持在24~30℃,超过30℃要及时放风降温;夜间温度保持在12~18℃。这样的温度条件可保证草莓植株快速生长,提早开花。

现蕾期:白天温度保持在25~28℃,夜间温度保持在8~12℃。

开花期:白天温度保持在22~25℃,夜间温度保持在8~10℃。开花期若经历-2℃以下的低温,会出现雄蕊花药变黑,雌蕊柱头变色现象,严重影响授粉受精和草莓前期产量。

果实膨大期和成熟期:白天温度保持在20~25℃,夜间温度保持在5~10℃。此期温度过高,果实膨大受影响,造成果实着色快,成熟早,但果实小、品质差。

(二)湿度管理技术

湿度管理在草莓日光温室促成栽培中处于十分重要的地位。日光温室内的湿度一般较室外的湿度大,通常在凌晨时分达最大值,随着太阳升起湿度逐渐变小,12时至14时是一天中湿度最小的时候,傍晚太阳落下后棚室内的空气湿度又逐渐增加并趋于饱和。草莓植株开花期间,若空气湿度维持在40%~50%,草莓花药开裂率最高,花粉易散出,且发芽率亦最高。若空气湿度达80%以上,则花药开裂率降低,花粉无法正常散开,不能完成授粉。因此,在草莓开花时期,日光温室内湿度应控制在40%~50%范围内,以利于花粉散出和花粉发芽。由于温室内湿度过大也容易发生病害,影响草莓的正常生长发育,故整个植株生长发育期间应尽可能降低日光温室内的湿度。除了通过覆盖地膜及膜下灌溉来降低温室内空气湿度以外,还要特别重视通风换气,即使在寒冷的冬季,也要注意在卷帘后放风换气,这样可以大大降低温室内的空气湿度,减少发病概率(图4-34)。

图4-34 日光温室通风排湿管理

三、光照管理技术

光照不足一直是草莓日光温室促成栽培中的一个重要问题。冬季日照时间短,而揭放草帘进行保温更易引起日光温室内日照时间不足。塑料棚膜表面常因静电作用吸附大量灰尘,降低了透光率,造成温室内光照强度不足,影响叶片的光合作用,进而影响草莓植株生长发育。增加光照时数和光照强度对于提高草莓叶片光合能力,维持草莓植株生长势显得尤为重要。生产上常采用电照补光方法来延长光照时间,具体做法是:每亩安装100瓦白炽灯泡30~40个,在12月上旬至翌年1月下旬期间,每天放草帘后补光3~4小时或者在夜间补光3小时。在日光温室后坡、后墙内侧挂反光幕及墙上涂白等方法可以增强日光温室内的光照强度,提高草莓植株的光合效率(图4-35)。

图4-35 日光温室草莓补光管理

四、肥料及水分管理技术

草莓植株在日光温室中生长周期加长,对水分和肥料需要量增加。因此,要充分、不断地供给水分和养分,否则会引起植株早衰而造成减产。在生产上判断草莓植株是否缺水不仅仅看土壤是否湿润,更重要的是要观察植株叶片边缘是否有吐水现象,如果叶片边缘没有吐水现象,说明土壤出现干旱,应该进行灌溉补水。日光温室内不能采取大水漫灌的灌溉方式,因为大水漫灌容易增大温室内空气湿度,引发病害,同时还会造成土壤升温慢,延迟植株生长发育进程。因此,日光温室内必须采用膜下灌溉的方式,生产中通常采用膜下滴灌方式给水。采用该技术可以使植株根茎部位保持湿润,利于植株生长,既可节约用水,又可防止土壤温度过低(图4-36)。

图 4 - 36　草莓滴灌设备

除了在草莓植株定植前施入基肥外,在整个植株生长发育期间还要及时追施肥料以补充养分的不足。一般追肥与灌水结合进行,每次追施的液体肥料浓度以 0.2% ~0.4% 为宜,注意所采用肥料中氮、磷、钾的合理搭配。追肥时期分别是:

第一次追肥在植株顶花序现蕾时,此时追肥的作用是促进顶花序生长。

第二次追肥在顶花序果实开始转白膨大时,此次追肥的施肥量可适当加大,施肥种类以磷、钾肥为主。

第三次追肥在顶花序果实采收前期。

第四次追肥在顶花序果实采收后期。植株会因结果而造成养分大量消耗,及时追肥可弥补养分亏缺,保证植株随后的正常生长。

以后每隔 15 ~20 天追肥 1 次。

五、赤霉素(GA₃)处理技术

在草莓促成栽培中喷洒赤霉素(GA_3)可以防止植株进入休眠,促使花梗和叶柄伸长生长,增大叶面积及促进花芽发育。在草莓日光温室促成栽培中,GA_3 的使用发挥着重要作用。赤霉素处理时期以保温后 1 周为宜,使用浓度为 5 ~10 毫克/升,使用量为 5 毫升/株。喷施时要求药液呈迷雾状均匀喷布,对于休眠浅、生长势强的草莓品种,喷施 1 次即可;对于休眠略深、生长势弱的品种,可以喷施 2 次,间隔 1 周。喷施剂量、浓度应严格掌握,过多施用,易发生徒长、坐果率下降,并影响根系生长。喷施效果与温度关系较密切,喷施赤霉素的时间以阴天或晴天傍晚为宜,避免在午间高温时喷施。植株喷施赤霉素后若出现徒长迹象,要及时放风来降低温度,以减轻赤霉素的药效(图 4 - 37)。

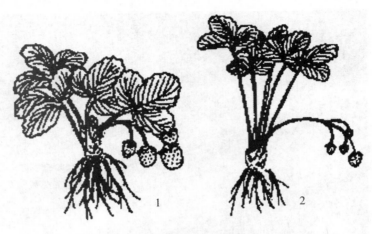

图 4 - 37 草莓植株赤霉素处理

1. 正常喷施赤霉素处理 2. 喷施赤霉素时温度过高

六、植株管理技术

在草莓日光温室促成栽培中,从植株定植到果实采收结束持续时期较长,植株一直进行着叶片和花茎更新,为保证草莓植株处于正常的生长发育状态,具有合理的花序数,要经常进行草莓植株管理工作。

(一) 摘老叶、病叶

草莓是常绿植物,一年中新叶不断发生,老叶不断枯死。随着温室内草莓生长发育周期的延长,植株上的叶片会逐渐发生老化和黄化现象,整个叶片呈水平生长状态。作为光合作用的场所,黄化、老化的草莓叶片制造光合产物的能力逐渐下降,无法满足自身的消耗,而且叶片衰老时易发生病害。因此,在新生叶片逐渐展开时,要定期去掉病叶、黄叶和老叶,改善植株间的通风透光情况,减少病害发生,并将植株上生长弱的侧芽及时疏去,以减少草莓植株养分消耗(图 4 - 38)。

图 4 - 38 草莓植株摘老叶、病叶管理

（二）掰芽

日光温室中的草莓植株生长较旺盛,易分化出较多的腋芽,引起养分分流,减少大果率和产量,所以应将植株上分化的多余腋芽掰掉。方法是在顶花序抽生后,在每个植株上选留两个方位好且粗壮的腋芽,其余全部掰除,以便促进新花序抽生,后抽生的腋芽也要及时掰除(图4-39)。

图4-39 草莓植株掰芽管理

（三）花序整理

草莓花序属二歧聚伞花序或多歧聚伞花序,低级次花序上的花分化好、结实大,而高级次花分化较差,往往不能形成果实而形成无效花,即使有的花能形成果实,也由于太小而无采收价值,成为无效果,对产量形成意义不大。因此,要进行花序整理以合理留用果实。通常花序上花蕾彼此分离而便于摘除时(最迟不晚于第一朵花开放),将后期才能开的高级次小花蕾适量疏去,可减少养分消耗,增进果个大小,使之均匀,成熟期较集中,减少采收次数,节约采收用工。疏果是疏花的补充,可使果形整齐,提高商品率,一般每个花序留果实7~12个。此外,结果后的花序要及时去掉,以促进新花序的抽生(图4-40)。

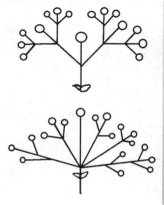

图4-40 草莓花序整理

（四）除匍匐茎

草莓的匍匐茎和花序都是从植株叶腋间长出的分枝,若抽生的匍匐茎发育成子苗,会大量消耗母株的养分,影响植株的产量。因此,在植株开花结实过程中要及时摘除匍匐茎(图4-41)。

图4-41　草莓植株摘除匍匐茎管理

为了提高工作效率,避免由于多项植株管理工作而多次在田间行走,应把除老叶、病叶、疏芽,整理花序和除匍匐茎工作尽量结合在一起同时进行,以避免园地土壤被踩硬、踩紧。

七、辅助授粉技术

草莓属于典型的自花授粉植物,即不通过异花授粉便可结实,但利用异花授粉可大大提高草莓植株的坐果率。另外,授粉还可降低草莓畸形果数量,减少无效果比例,提高草莓果实的商品率。目前生产上使用的主要辅助授粉措施为蜜蜂授粉技术。

图4-42　蜜蜂箱

蜜蜂授粉技术根据在18℃以上温度蜜蜂可访花授粉的习性,在日光温室中创造适合的温度条件,利用蜜蜂进行辅助授粉,提高草莓植株的坐果率。一般每亩的日光温室放1~2箱蜜蜂(图4-42),蜜蜂总数在1万~2万只,保证一株草莓有一只以上的蜜蜂。蜂箱应在草莓开花前一周放入温室中,以便使蜜蜂能更好地适应温室中的环境。蜂箱要放在温室的西南角,离地面50厘米,箱口向着东北角,避免蜜蜂出箱后飞撞到墙壁和棚膜上。蜜蜂不能生活在湿度太大的环境中,白天要注意放风排湿,放风时要在放风口处罩上纱网,防止蜜蜂飞出。在日光温室中进行药剂防治时,注意密闭蜂箱口,最好将蜂箱暂时移到别处,以免农药对蜜蜂产生伤害。

在没有蜜蜂的情况下也可进行人工辅助授粉,即每天上午10时以后,用毛笔在开放的花上涂几下,使开裂花药中的花粉均匀洒落到整个花托上。

在一些草莓老产区,有的农户在草莓开花期用扇子扇植株上的花朵进行辅助授粉,可大大节省人工,效果也比较好。

八、施用二氧化碳

二氧化碳(CO_2)是植物进行光合作用的主要原料,大气中的浓度约为360毫克/升,基本可满足植物光合作用的需要。但在日光温室密闭条件下,CO_2被植物叶片大量利用后浓度会逐渐降低,有时甚至降到70毫克/升,无法满足光合作用的需要,影响植株生长发育,导致产量降低,品质下降。因此,在日光温室内提高CO_2浓度可以提高草莓植株光合能力,增加植株产量,改善草莓浆果的品质。在日光温室中CO_2浓度也有日变化的规律,即日出前CO_2浓度最高,揭帘后随着光合作用的逐渐加强,CO_2浓度急剧下降,近中午时达最低值,出现严重亏缺现象,午后放草帘保温后CO_2浓度又逐渐升高。虽然可以通过通风换气使日光温室中的CO_2得以补偿,但在寒冷的冬季不可能总以此种方法来补偿CO_2。因此,人工施用CO_2显得尤为重要。目前提高日光温室内CO_2浓度的方法有以下几种:

1. **增施有机肥** 增施有机肥是增加日光温室内CO_2浓度的有效措施之一,因为土壤微生物在缓慢分解有机肥料的同时会释放大量的CO_2气体,使温室内CO_2浓度不断得到提高,供给植株光合作用所需。

2. **使用液体 CO_2** 在日光温室内可直接施放液体CO_2,因液体CO_2具有清洁卫生、用量易控制等许多优点,可快速提高温室内CO_2浓度。

3. **放置干冰** 干冰是固体形态的CO_2,将干冰放入水中或在地上开条状沟,放入干冰并覆土使之慢慢气化。这种方法具有所得CO_2气体较纯净、释放量便于控制和使用简单的优点。

此外还可以利用煤炭、液化石油燃烧产生CO_2来补偿日光温室中CO_2的亏缺。

第七节　设施草莓栽培病虫害管理

一、设施草莓栽培的主要病害

(一) 侵染性病害

引起草莓发病的侵染性病害主要有草莓白粉病、草莓灰霉病、草莓黄萎病、草莓红中柱根腐病、草莓枯萎病等。

1. 草莓白粉病　白粉病是危害草莓植株的主要病害之一,主要危害草莓叶、花、果梗和果实。在叶上发病初期,叶面上长出薄薄的白色菌丝层,随着病情加重,叶缘向上卷起,叶片呈汤勺状,呈现白色粉状颗粒,严重时叶片失绿呈铁锈状。花蕾受害,花瓣不能正常开放,幼果不能正常膨大。果实后期受害,果面覆有一层白粉,出现"白果"现象,影响果实外观品质和内在品质(图4-43)。

图4-43　草莓白粉病危害症状

草莓白粉病菌是专性寄生菌,环境中如果没有病原菌存在,草莓就不会得白粉病。温度和空气湿度是影响草莓白粉病发病的最主要环境因子,易发病温度是15~20℃,低于5℃或高于35℃均不能发病。易发病湿度是40%~80%,分生孢子在有水滴的情况下不能萌发,降雨抑制孢子传播。该病是日光温室草莓栽培的主要病害,严重时可导致绝产。

白粉病防治要注意选用抗病品种,合理密植;加强植株管理,注意温湿度调控;栽前种后要清洁苗地;草莓生长期间应及时摘除病残老叶和病果,并集中销毁;要保持良好的通风透光条件,加强肥水管理,培育健壮植株。果实发育期可采用12.5%腈菌唑乳油2 000～3 000倍液、40%福星乳油5 000～8 000倍液等内吸性强的杀菌剂进行喷雾防治。采用25%乙嘧酚800倍液的防治效果可达93.86%。防治棚室中白粉病的另一有效办法是硫黄熏蒸(图4-44)。具体的操作方法是:在傍晚,将硫黄粉放在金属器皿上,通过调节电炉与盛放硫黄粉的金属器皿间的距离达到适宜的加热程度,在密闭条件下熏蒸几个小时,硫黄可变成气体挥发,达到很好的防治效果。目前,有专门的硫黄熏蒸器可供使用,其功率一般为36瓦,在日光温室内使用较普遍。充分利用硫黄熏蒸器安全、操作简单的便利条件,发挥硫黄熏蒸防治白粉病的效果。但是现有日光温室夜间棚室内相对湿度偏高,缺乏必要的降低湿度的手段,长时间进行硫黄熏蒸容易产生药害,所以使用时必须十分注意。

图4-44 硫黄熏蒸管理

实践证明,白粉病病菌较易对药剂产生抗性,正常情况下10天即可完成一次侵染循环,在生产中应做到轮换交替用药,每次施药间隔期以7天为宜。长时间使用一种药剂防治白粉病易产生抗药性,所以生产上采用硫黄熏蒸结合喷洒药剂处理,防治草莓白粉病的效果较好。

2. 草莓灰霉病 灰霉病是草莓的主要病害,设施栽培和露地栽培均易发生。主要危害草莓叶、花、果梗和果实,是果实膨大后期易出现的草莓病害。在叶片上发病时,产生褐色或暗褐色水渍状病斑,有时病部微具轮纹,干时病部褐色干腐,湿润时叶片背面出现乳白色绒毛状菌丝团。果实被侵染时最初出现油渍状淡褐色小斑点,进而斑点扩大,全果变软,出现由病原菌分生孢子和分生孢子梗组成的灰色霉状物(图4-45)。

图4-45 草莓灰霉病危害症状

　　灰霉病病菌在被害植物组织内越冬,在气温18～20℃、高湿条件下大量繁殖,孢子在空气中传播。栽植过密、氮肥过多、植株生长过于繁茂、灌水过多、阴雨连绵、空气湿度过大时发病严重,可通过及时通风减少温室的湿度。药剂防治选用50%乙烯菌核利(农利灵)可湿性粉剂800倍液,或用50%多菌灵、甲基硫菌灵可湿性粉剂1 000倍液或退菌特800倍液于花前喷施。也可用50%腐霉利(速克灵)可湿性粉剂1 000倍液,65%硫菌霉威可湿性粉剂1 500倍液或50%异菌脲(扑海因)可湿性粉剂1 000倍液,7～10天喷1次,连喷2～3次。果实大量成熟时期,只能采用烟剂熏蒸的方法防治,每亩用20%腐霉利(速克灵)烟剂80～100克,傍晚时分散放置在棚室内,点燃后迅速撤离,密闭棚室过夜熏蒸。

　　3.草莓黄萎病　草莓黄萎病主要危害草莓的叶片。初侵染的叶片和叶柄上产生黑褐色长条形病斑,叶片失去光泽,从叶缘和叶脉间开始变成黄褐色,萎蔫,干燥时叶片枯死。新生叶片感病后,变成灰绿色或淡褐色,下垂。受害植株的叶柄、果梗和根茎横切面上可见维管束部分或全部变褐。病害严重时可导致植株死亡,其地上部分变黑、腐败。

　　病菌以菌丝或厚壁孢子在植株残体内越冬,其拟菌核在土壤中可以存活多年。病原菌从草莓根部侵入,沿维管束上升后引起地上部分发病,同时病原菌可以通过维管束传播到匍匐茎子苗。在气温20～25℃,土壤相对湿度25%以上时发病严重,28℃以上停止发病。该病原菌不仅危害草莓,还危害茄子、番茄、黄瓜等作物。因此,在草莓与茄子轮作的地区,草莓黄萎病发生严重。

　　草莓黄萎病的药剂防治:用50%代森锰锌可湿性粉剂500倍液或50%多菌灵可湿性粉剂600～700倍液喷布。定植前,用50%甲基硫菌灵可湿性粉剂1 000倍液浸

84

苗5分,待药液晾干后栽植。

4. 草莓红中柱根腐病 草莓红中柱根腐病常被称作草莓红心根腐病、红心病或褐心病,是冷凉和土壤潮湿地区的主要草莓病害,主要危害根部。开始发病时,在幼根根尖腐烂,至根上有裂口时,中柱出现红色腐烂,并且可扩展至根颈,病株容易拔起。该病可以分为急性萎蔫型和慢性萎缩型两种类型。急性萎蔫型多在春夏季发生,从定植后到早春植株生长期间,植株外观上没有异常表现,在3月中旬至5月初,特别是久雨初晴后,植株突然凋萎,青枯状死亡。慢性萎缩型主要在定植后至初冬期间发生,老叶边缘甚至整个叶片变红色或紫褐色,继而叶片枯死,植株萎缩而逐渐枯萎死亡。

病菌以卵孢子在土壤中存活,可以存活数年。卵孢子在晚秋初冬时产生游动孢子,侵入主根或侧根尖端的表皮,形成病斑。菌丝沿着中柱生长,导致中柱变红、腐烂。病斑部位产生的孢子囊借助灌水或雨水传播蔓延。该病是低温病害,地温6～10℃是发病适温,大水漫灌、排水不良加重发病。

草莓红中柱根腐病的药剂防治:定植前用50%锰锌·乙铝可湿性粉剂浸苗;定植后用50%锰锌·乙铝可湿性粉剂喷雾防治或用甲霜·锰锌灌根防治。

5. 草莓枯萎病 草莓枯萎病亦称作草莓镰刀菌枯萎病,主要危害根部,在开花至收获期及苗期均发病。初期症状为心叶变黄绿色或黄色,卷曲,狭小,失去光泽,植株生长衰弱。植株下部老熟叶片呈紫红色萎蔫,枯黄,最后全株枯死。根系变黑褐色,叶柄和果梗的维管束也变为褐色至黑褐色。受害轻的病株结果减少,果实不能正常膨大,品质变劣。

病菌以菌丝体和厚壁孢子在草莓残体和未腐熟的带菌肥料及种子上越冬。草莓镰刀菌是专性寄生菌,孢子通过带病草莓植株、病土和流水传播,病菌可以通过匍匐茎维管组织传给子苗。高温可导致该病发生严重,25～30℃时枯死植株猛增。地势低洼、排水不良的地块病害严重。该病原菌无论是在旱田还是在水田均能长期生存。

草莓枯萎病的药剂防治:定植前,用50%甲基硫菌灵可湿性粉剂1 000倍液浸苗5分,待药液晾干后栽植。生长期间发病可用50%多菌灵可湿性粉剂600～700倍液或50%代森锰锌可湿性粉剂500倍液喷淋茎基部。

(二)非侵染性病害

非侵染性病害是由非生物因子引起的病害,如营养、水分、温度、光照及有毒物质等,阻碍植株的正常生长而出现不同病症。这些由环境条件不适而引起的果树病害不能相互传染,故又称为非传染性病害或生理性病害。主要表现为缺素症及其他一些环境引起的病害症状。而侵染性病害的发生与非侵染性病害的发生是相辅相成的,植物由于非侵染性病害出现时抵抗力下降,容易遭受侵染性病原的侵染。因此,控制温室内草莓苗生长的环境条件,可以有效预防非侵染性病害,降低侵染性病害发生的可能。

二、虫害

危害草莓的害虫有几十种,其中危害严重的主要有螨类、蚜虫、白粉虱等。

(一)螨类

螨类对日光温室内草莓植株危害很大,通过吸食叶片的汁液,破坏叶片组织和叶绿素,造成叶片发育迟缓、失绿,抑制植株生长和果实发育。危害草莓的螨类主要有二斑叶螨、朱砂叶螨等。

1. **二斑叶螨** 二斑叶螨在国内也称作"白蜘蛛",是世界性分布的害螨。其寄主植物广泛,各种寄主植物上的二斑叶螨可以相互转移。二斑叶螨刺吸草莓叶片汁液,被害部位出现针眼般灰白色小斑点,随后逐渐扩展,致使整个叶片布满碎白色花纹,严重时叶片黄化卷曲或呈锈色,植株萎缩矮化,严重影响产量。

雌螨体长 0.43 ~ 0.53 毫米,宽 0.31 ~ 0.32 毫米,背面观为卵圆形,若虫和成虫为黄色或绿色,体背两侧各有黑斑一块,滞育越冬期的雌螨体色变为橙色。雄螨体长 0.36 ~ 0.42 毫米,宽 0.19 ~ 0.25 毫米,背面观为菱形,淡黄色或淡黄绿色。卵为球形,透明,孵化前变为乳白色。二斑叶螨一年可繁殖 10 ~ 20 代,但在草莓上定居的,一般只有 3 ~ 4 代。以雌螨滞育越冬,早春气温上升到 10℃ 以上时开始产卵、大量繁殖。在温室内,二斑叶螨可以周年繁殖,没有明显的越冬迹象。

2. **朱砂叶螨** 朱砂叶螨也被称作"棉红蜘蛛"、"红蜘蛛"、"红叶螨",是世界性分布的害虫。朱砂叶螨刺吸草莓叶片汁液,造成叶片苍白、生长萎缩,严重时可导致叶片枯焦脱落。

朱砂叶螨是与二斑叶螨亲缘关系非常近的一种螨类,其雌螨体长 0.42 ~ 0.56 毫米,宽 0.26 ~ 0.33 毫米,背面观卵圆形,红色,渐变为锈红色或褐红色,无季节性变化。体两侧有黑斑 2 对,前一对较大,在食料丰富且虫口密度大时前一对大的黑斑可向后延伸,与体末的一对黑斑相连。雄螨背面观呈菱形,体色呈红色或淡红色。卵为圆球形,无色至深黄色带红点,有光泽。朱砂叶螨在东北地区一年可以繁殖 12 代,在南方一年可以繁殖 20 多代。在华北及以北地区,以雌螨滞育越冬;在华中地区,以各种虫态在杂草丛中或树皮缝中越冬;在华南地区,冬季气温高时,可以继续繁殖活动。早春气温上升到 10℃ 以上时开始产卵、大量繁殖。在温室和大棚内,同二斑叶螨一样没有明显的越冬迹象,可周年危害。

螨类的药剂防治:螨类危害要早期防治,可用 20% 双甲脒乳油 1 000 ~ 1 500 倍液或 1% 甲氨基阿维菌素苯甲酸盐乳油 2 000 ~ 3 000 倍液喷雾防治,1.8% 阿维菌素 1 000 倍液或 1.3% 苦参碱 2 000 倍液防治。10 天左右 1 次,连续防治 2 ~ 3 次。一般采果前 2 周要停止用药。

(二)蚜虫

蚜虫对草莓的危害很大,特别是对温室草莓的危害严重。蚜虫不仅吸食草莓的汁液,而且可以传播病毒。危害草莓的蚜虫主要有:桃蚜、棉蚜(瓜蚜)和草莓根蚜等。

1. **桃蚜** 又名桃赤蚜,在世界广泛分布,在全国各地的草莓产区多有发生。主要在草莓的嫩叶、嫩心和幼嫩花蕾上繁殖、取食汁液,造成嫩叶皱缩卷曲、畸形、不能正常展开,嫩心萎缩。

有翅胎生雌蚜成虫体长 1.6~1.7 毫米,无翅胎生雌蚜成虫体长 2.0~2.6 毫米,体色有绿、黄绿、褐色等多种颜色,体表粗糙。若蚜与无翅胎生雌蚜相似,淡红色或黄绿色。卵长约 1.2 毫米,长椭圆形,初产时淡绿色,后变为黑色。桃蚜一年发生大约 30 代,以卵在树上越冬。第二年春季开始孵化繁殖,4~5 月出现有翅迁飞蚜,开始在草莓植株上危害。深秋,有翅蚜再飞回树上,产生有性蚜,交配产卵越冬。

2. 棉蚜　又称腻虫,是世界性害虫,国内各地都有发生。主要在草莓的嫩叶背面、嫩心和幼嫩花蕾上繁殖、取食汁液,造成嫩叶皱缩卷曲、畸形,不能正常展开。

无翅胎生雌蚜成虫体长 1.5~1.9 毫米,夏季黄绿色,春秋季墨绿色。若蚜黄色或蓝灰色。卵为椭圆形,初产时橙黄色,后变为黑色。棉蚜一年繁殖几十代,以卵在树上及枯草基部越冬。第二年春季开始孵化繁殖,是春季最早迁移到草莓植株上的蚜虫。棉蚜无滞育现象,在冬季的温室和大棚中可以危害草莓植株。

3. 草莓根蚜　草莓根蚜主要群集在草莓心叶及茎部吸食汁液,使心叶生长受抑制,植株生长不良,严重时植株可枯死。

无翅胎生雌蚜的体长约 1.5 毫米,青绿色;若虫体色稍浅;卵为长椭圆形,黑色。在寒冷地区以卵越冬,在温暖地区则以无翅胎生雌蚜越冬。

蚜虫的药剂防治:选用 22% 敌敌畏烟剂熏,500 克/亩,分放 6~8 处,傍晚点燃,密闭棚室,过夜熏蒸。药剂喷雾防治可采用 1% 苦参碱醇溶液 800~1 000 倍液、50% 抗蚜威可湿性粉剂 2 000 倍液、3% 啶虫脒乳油 2 000~2 500 倍液或 10% 吡虫啉可湿性粉剂 1 500~2 000 倍液,一般采果前 2 周停止用药。

(三)白粉虱

危害草莓的白粉虱有多种,包括温室白粉虱和草莓白粉虱等,其中温室白粉虱的危害最为严重。白粉虱群集在叶片上,吸食汁液,使叶片的生长受阻,影响植株的正常生长发育。此外,白粉虱分泌大量蜜露,导致烟霉菌在植株上大量生长,引发煤污病的发生,严重影响叶片的光合作用和呼吸作用,造成叶片萎蔫、甚至植株死亡。

白粉虱成虫体长 1~1.5 毫米,具有两对翅膀,上面覆盖白色蜡粉。卵为长椭圆形,约 0.2 毫米,黏附于叶背。一年可以发生 10 余代,以各种虫态在温室越冬,可以周年危害。

白粉虱的药剂防治:可用敌敌畏烟剂熏蒸,方法同蚜虫防治。喷雾防治选用 25% 噻嗪酮(商品名为"扑虱灵"或"优乐得")可湿性粉剂 2 500 倍液或 2.5% 氯氟氰菊酯乳油 3 000~4 000 倍液,一般采收前 2 周停止用药。

第五章

设施葡萄栽培

设施葡萄栽培已成为我国鲜食葡萄栽培中一个新的组成部分，以其结果早、产量高、适应性广、栽培技术措施要求高、经济效益高而受到普遍关注，成为贫困地区农民脱贫致富、增加收入的重要途径。

第一节　设施葡萄栽培的生产概况

一、设施葡萄栽培的历史

葡萄是世界上分布范围最广、栽培面积最大、产量最多的落叶果树之一,其产量高居世界水果第二位。设施葡萄栽培最早始于中世纪的英国宫廷园艺,随后荷兰、比利时和意大利等国家设施葡萄栽培也步入较快的发展阶段。在亚洲,日本是设施葡萄栽培最发达的国家,明治十五年(1882 年)就开始了小规模温室生产。1953 年,日本以冈山县为中心,利用塑料薄膜日光温室进行了规模化生产,1995 年,日本设施葡萄面积已达 5 150 公顷,占全部葡萄面积的 30% 以上。且设施葡萄已采用计算机自动控制与专家系统相结合,达到高度自控化水平,其果实产量、品质及目标管理较露天自然栽培得到很大的提高和改善,经济效益也明显提高。

二、我国设施葡萄栽培的现状

我国设施葡萄栽培历史较短,20 世纪 50 年代初期,在黑龙江省、辽宁省和山东省等地进行小规模尝试,但由于种种原因一直未能在生产上大面积推广。1979 年,巨峰葡萄薄膜日光温室栽培在黑龙江省获得成功。1979～1985 年,辽宁省先后利用地热加温的玻璃温室、塑料薄膜日光温室和塑料大棚等进行了设施葡萄栽培研究,同样获得良好的效果。20 世纪 90 年代初期,围绕当时设施栽培上存在的品种选择、设施结构、环境调控等问题,北京农学院、沈阳农业大学、辽宁高等农林专科学校、天津市农业科学院果林研究所等单位开展了许多研究和试验,均取得了良好的效果。20 世纪 90 年代中后期,随着我国市场经济的发展,设施葡萄促成栽培在我国北方迅速发展起来。在我国南方,设施避雨和促成栽培也开始发展。原浙江农业大学(1985年)首先报道白香蕉葡萄的避雨栽培试验。1992 年,浙江省农业科学院首先报道巨峰葡萄大棚促成栽培的试验结果,至 20 世纪 90 年代中期,大棚促成栽培逐渐在上海、浙江、江苏、云南等地区普及推广,已成为当时我国南方葡萄栽培发展最快的一项新技术。葡萄延迟栽培开始于 20 世纪 90 年代初,1992 年,河北省怀来县暖泉乡果农侯文海对牛奶品种进行后期覆盖,延迟到 11 月下旬采收,显著提高了栽培效益。之后,山东省平度等地也相继开展了设施葡萄延迟栽培试验。目前,河北省怀来县、北京市延庆县、山东省平度市等地葡萄延迟栽培面积增长很快。20 世纪 90 年代以后,随着全国设施农业的发展,设施葡萄栽培发展十分迅速。截止到 2000 年底,全国设施葡萄栽培总面积已达 4 000 公顷,基本形成了以辽宁(盖州、营口)、河北(唐山、秦皇岛、怀来)、天津(武清)、北京(通州)、山东(潍坊、莱西)、宁夏(银川)、上海(嘉定)、江苏(张家港)及浙江(金华)为重点产区的设施葡萄栽培生产的新格局。

目前,北方以日光温室及大棚促成栽培和延迟栽培为中心,南方以大棚促成和避雨栽培为中心的设施葡萄栽培正在蓬勃发展。

三、设施葡萄栽培的模式

(一)葡萄促成栽培

葡萄促成栽培是利用设施条件和保温覆盖材料,早熟和极早熟葡萄品种,实现果实提早成熟,提前上市,补充淡季市场供应的一种栽培形式。目前,葡萄促成栽培是我国的主要设施栽培模式。

(二)葡萄延迟栽培

葡萄延迟栽培是指利用晚熟葡萄品种,实现葡萄果实延迟成熟,延迟采收,供应市场的一种栽培形式。

(三)葡萄避雨栽培

葡萄避雨栽培是指利用各种简易设施和防雨棚等,在江南地区以防雨、避高温、提高品质为主的一种栽培形式。

第二节 设施葡萄栽培的主要品种

一、设施葡萄品种的选择

葡萄在分类上属于葡萄科葡萄属,属多年生的藤本植物。各种葡萄属按照地理分布和生态特点,一般划分为三大种群:欧亚种群、北美种群和东亚种群,另外还有一个杂交种群。葡萄品种众多,主要来源于欧洲种、美洲种及欧美杂种。按有效积温和生长日数常把葡萄品种分为 5 类(表 5-1)。这些类型品种对采取何种设施栽培模式具有重要的指导意义。

表 5 - 1　不同葡萄品种对有效积温和生长日数的要求

品种类型	活动积温(℃)	生长日数(天)	代表品种
极早熟品种	2 100 ~ 2 500	< 110	87 - 1
早熟品种	2 500 ~ 2 900	110 ~ 125	京亚、京秀、无核白鸡心
中熟品种	2 900 ~ 3 300	125 ~ 145	巨峰、藤稔、红脸无核
晚熟品种	3 300 ~ 3 700	145 ~ 160	晚红、夕阳红
极晚熟品种	> 3 700	> 160	秋红、秋黑

目前,适于北方地区设施葡萄促成栽培的品种主要有:京亚、无核白鸡心、藤稔、87 - 1、京秀、里扎马特等早中熟品种;适合设施延迟采收栽培的品种有:晚红、秋红、秋黑、夕阳红等晚熟耐贮品种。

二、设施葡萄栽培的主要品种

(一)京亚(图 5 - 1)

欧美杂种,四倍体。中国农业科学院植物研究所从黑奥林实生苗中选育的新品种,1992 年通过品种审定。果穗圆锥形,平均穗重 400 克,最大可达 1 000 克。果粒短椭圆形,平均粒重 11.5 克。果皮紫黑色,果肉较软,汁多,味浓,稍具草莓香味,可溶性固形物含量 15.3% ~ 17.2%,较抗病、易丰产,是葡萄更新换代较为理想的早熟品种之一,较适宜保护地栽培。

图 5 - 1　京亚

(二)金星无核

欧美杂种,美国阿肯色州农业试验站培育,1977年发表。沈阳农业大学葡萄试验园1983年从美国引进,1994年通过品种审(认)定。新梢绿色,有稀疏茸毛,梢尖,幼叶正背两面密被白色茸毛。成叶三裂,裂刻浅,叶背着生较厚的白色茸毛。果穗圆锥形,紧密,平均穗重350克。果粒近圆形,平均粒重4.4克,经葡萄膨大剂处理后果粒重可达7~8克,果皮蓝黑色,肉软,汁多,味香甜,可溶性固形物含量15%,品质中上,有的浆果内残存退化的软种子,较耐运输。该品种树势强,结果枝率90%,枝条成熟度极好,抗病力强,丰产性好,能适应高温多湿气候,是一个适应性强的优良早熟无核品种。

(三)无核白鸡心(图5-2)

欧亚种,美国加州大学欧姆教授培育,1981年发表。沈阳农业大学葡萄试验园1983年从美国引进,1994年通过品种审(认)定。幼叶微红,有稀疏茸毛。成龄叶片光滑无毛,5裂,裂刻极深,上裂刻常呈闭合状,叶柄紫红色。果穗大,圆锥形,平均穗重620克,最大穗重1700克,中等紧密。果粒长卵形、略呈鸡心形,黄绿色,平均单果粒重6克左右。经赤霉素或膨大剂处理后,果粒可长达5厘米,粒重可达10克以上。果皮薄,不裂果,果肉硬脆,微具玫瑰香味,甜酸适口,可溶性固形物含量16%以上。果粒的果刷长,拉力强,较耐运输。该品种树势强旺,枝条粗壮,较丰产,果实成熟一致,结果枝率75%,抗霜霉病能力稍强于巨峰,抗黑痘病、白腐病能力差。该品种由于外观美、品质好,商品价值高,很受栽培者和消费者欢迎,是一个极有发展前途的早熟、大粒、优质、丰产的无核品种。目前已成为东北、京津、华北等地理想的早熟更新换代葡萄无核品种之一。

图5-2 无核白鸡心

(四)藤稔(图5-3)

欧美杂交种,四倍体,中熟品种。以井川682与先锋杂交育成,1985年注册登

92

记。嫩梢绿色带浅紫红。一年生枝条赤褐色,粗壮。叶片大,近圆形,深5裂,叶背茸毛稀,叶柄带红晕。两性花,坐果好。果穗圆锥形,平均穗重400~500克。果粒特大,平均粒重15~18克,经严格疏粒、疏穗后,最大果粒可达39克,纵径4厘米,横径4.26厘米。果皮紫红至紫黑色,皮薄肉厚,不易脱粒,味甜,品质中上,固形物含量在15%~16%。该品种树势强旺,极丰产,抗病力强。

图5-3 藤稔

（五）87-1（图5-4）

欧亚种,果穗圆锥形,平均穗重600克,果粒着生紧凑,穗形整齐。果粒短椭圆形,平均粒重5~6克。果皮深紫色,果肉硬脆,酸度低,可溶性固形物含量14%左右,有玫瑰香味,味道纯正。该品种抗病性中等,是适合保护地栽培的极早熟品种之一。

图5-4 87-1

(六)京秀(图5-5)

欧亚种,中国农业科学院植物研究所杂交育成,1994年通过品种审定。嫩梢绿色,具稀疏茸毛,成龄叶片中大,近圆形,5裂,光滑无毛。果穗圆锥形,平均穗重513.6克,最大可达1 000克。果粒椭圆形,平均粒重6.3克,最大9.3克。果皮玫瑰红或紫红色,果肉脆,味甜,酸度低,可溶性固形物含量14.0%~17.5%,含酸量0.39%~0.47%,品质上等。结果枝率60%,较丰产,抗病力中等,易染炭疽病。早熟品种,果实不易裂果、不掉粒,果肉脆,品质佳,适宜保护地栽培。

图5-5 京秀

(七)京优

欧美杂种,四倍体。中国农业科学院植物研究所从黑奥林实生苗选出,为京亚的姊妹系,1994年通过品种审定。嫩梢绿色,带有紫红色,具稀疏茸毛。一年生枝条红褐色,叶片中大,近圆形,深5裂,叶柄洼为开张矢形。两性花。果穗圆锥形,平均穗重543.7克,最大850克。果粒近圆形或卵圆形,着生紧密,坐果率高,平均粒重10.0~11.1克,最大16克,果皮厚,红紫色,肉厚而脆,酸甜,微具草莓香味,品质好,近似欧亚种风味。可溶性固形物含量14%~19%,含酸量0.55%~0.73%,是巨峰群中品质较佳的品种之一。早熟品种,丰产性好,抗病性强,耐贮运。

图5-6 里扎马特

(八)里扎马特(图5-6)

又名玫瑰牛奶、红马奶,欧亚种,原产苏联,是世界上著名的二倍体大粒、早熟葡萄品种之一。嫩梢绿色,茸毛稀;一年生枝条土黄色。叶片中等大小,圆形或肾形,浅3~5裂,平滑无毛。两性花。果穗特大,圆锥形,平均穗重800

克,最大穗重可达3 000克以上。果粒长椭圆形或长圆柱形,平均粒重10.2~12.0克,最大粒重可达19~20克。果皮鲜红色至紫红色,外观艳丽。皮薄肉脆,味甜,可溶性固形物含量14%~15%,清香,口感优雅。生长势强,丰产,抗病性较弱。

(九)晚红(图5-7)

又名红地球、美国红提。欧亚种,美国加州大学欧姆培育出的大粒、晚熟、耐贮、优质新品种,1982年发表。植株嫩梢先端稍带紫红色纹,中下部为绿色;一年生枝浅褐色。梢尖1~3片幼叶微红色,叶背有稀疏茸毛;成叶5裂,上裂刻深,下裂刻浅,叶正背两面均无茸毛,叶缘锯齿较钝,叶柄淡红色。该品种果穗长圆锥形,平均纵径26厘米,横径17厘米,穗重800克,大的可达2 500克。果粒圆形或卵圆形,平均粒重12~14克,最大可达22克,每穗果粒着生松紧适度。果皮中厚,暗紫红色;果肉硬脆,能削成薄片,味甜,可溶性固形物含量为17%,品质极佳。果刷粗而长,着生极牢固,耐拉力强,不脱粒,特耐贮藏运输。该品种树势强壮,结果枝率70%,栽后两年开始结果,三年株产16千克,五年亩产2 500千克左右,极丰产。

图5-7 晚红

(十)秋红

欧亚种,美国加州大学欧姆教授杂交育成,1981年在美国发表。沈阳农业大学葡萄试验园1987年从美国引入,1995年通过品种审定。植株嫩梢紫红色,一年生枝深褐色,节与节之间呈"之"字形曲折。幼叶绿色,光滑无毛;成龄叶片较大,5裂,上裂刻较深,下裂刻中等或浅,主脉分叉处向上凸起,叶正背两面均光滑无毛,叶缘锯齿较尖,叶柄紫红色。果穗长圆锥形,平均纵径30厘米、横径24厘米,穗重880克,最大穗重3 200克。果粒长椭圆形,平均粒重7.5克,着生较紧密。果皮中等厚,深紫红色,不裂果。果肉硬脆,能削成薄片,肉质细腻,味甜,可溶性固形物含量17%,品质佳。果刷大而长,果粒附着极牢固,特耐贮运,长途运输不脱粒。果实易着色,成熟一致,不裂果,不脱粒。该品种树势强,枝条粗壮,结果枝率78%,栽后两年见果,五年亩产2 500千克左右,极丰产。

(十一)秋黑

欧亚种,美国加州大学欧姆教授杂交育成,1984 年发表。沈阳农业大学葡萄试验园 1987 年从美国引入,1995 年通过品种审定。植株嫩梢绿色,有稀疏茸毛;一年生枝浅黄褐色。幼叶黄绿色,背面有稀疏茸毛;成龄叶片 5 裂,裂刻浅,叶正背两面均光滑无茸毛,叶缘锯齿尖。果穗长圆锥形,平均纵径 27 厘米、横径 16 厘米,穗重 270 克,最大穗重 1 500 克以上。果粒阔卵形,平均粒重 9 ~ 10 克,着生紧密。果皮厚,蓝黑色,外观极美,果粉厚;果肉硬脆,能削成薄片,味酸甜,可溶性固形物含量 17%,品质佳。果刷长,果粒着生极牢固,极耐贮运。植株生长势很强,结果枝率 70%,五年生亩产 2 500 千克左右。

(十二)红脸无核(图 5 - 8)

欧亚种,美国加州大学欧姆教授培育,1982 年发表。沈阳农业大学葡萄试验园 1983 年从美国引进,1995 年通过品种审(认)定。幼叶密被白色茸毛,叶缘橙色;成龄叶片 5 裂,裂刻深,叶面光滑,叶缘锯齿尖,叶柄深红色,叶柄洼闭合。果穗大,长圆锥形,平均穗重 650 克,最大穗重 2 150 克。果粒椭圆形,平均粒重 3.8 克。果皮鲜红色,果粉薄,外观鲜艳,果肉硬脆,味甜,品质上,可溶性固形物含量 15.4% ~ 16.5%。果刷长,果粒着生牢固,较耐贮运。树势强,结果枝率 88.6%,产量高,抗病力中等。

图 5 - 8 红脸无核

(十三)夕阳红

欧美杂种,四倍体。辽宁农业科学院园艺所采用沈阳玫瑰与巨峰杂交育成,1993 年通过品种审定。嫩梢绿色,茸毛稀疏。幼叶带紫红色,背面茸毛中密。成龄叶片 3 ~ 5 裂,上裂刻深,下裂刻浅。果穗圆锥形,平均穗重 600 克左右,最大穗重可达 1 500 克以上。果粒长圆形,平均粒重 12 克左右。果皮较厚,暗红色至紫红色,果肉软硬适度,汁多,具有浓玫瑰香味,味甜,可溶性固形物含量 16%,品质上。植株树势强壮,抗病性强,易形成花芽,坐果率高,丰产。果实成熟后不裂果,不脱粒,耐运输,较耐贮藏。

96

第三节　设施葡萄栽培的生物学习性

一、形态特征

（一）根

葡萄的根系非常发达，主要分布在 20 ~ 60 厘米土层中，距离主干 1 米左右的范围里。葡萄根系生命力很强，当移栽折断时，从伤口处可迅速发生大量新根。在晚秋时节和施肥后，葡萄根系具有较强的再生能力。在设施条件下，葡萄根系在土壤温度 6 ~ 7℃时开始活动；土温上升至 12 ~ 13℃时发生新根，在 15 ~ 22℃时生长最快。因此，在设施促成栽培的前期，应注意提高土壤温度。

（二）枝

葡萄枝蔓由主干、主蔓、一年生结果枝等部分组成（图 5 - 9）。带有花序的新梢称结果枝，不带花序的新梢称营养枝。由夏芽萌发的枝条为副梢。设施条件下，葡萄生长量很大，可促发多次副梢。设施内进行多次的副梢夏季修剪，对改善架面的通风透光作用明显。

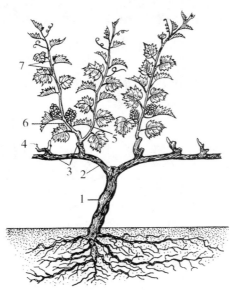

图 5 - 9　葡萄植株各部分名称
1. 主干　2. 主蔓　3. 结果枝组　4. 结果母枝　5. 营养枝　6. 结果枝　7. 副梢

(三)芽

葡萄的芽是混合芽,有夏芽、冬芽和隐芽之分。夏芽是在新梢叶腋中形成的;冬芽是在副梢基部叶腋中形成的,当年不萌发。葡萄的芽又是复芽,即由一个主芽和多个副芽组成。在生长季中往往出现多芽萌发现象,严重影响架面的光照条件。因此,设施条件下及时进行抹芽、定梢等夏季修剪工作,有利于改善光照,节省葡萄树体养分。

(四)叶

葡萄叶由托叶、叶柄、叶片构成(图5-10),叶片表面有角质层,一般叶面有光泽,叶背面有茸毛。因设施内光照条件相对较差,易形成颜色较浅、大而薄的叶片,影响光合产物的积累。因此,设施栽培通常要加强肥水和光照等管理,维持葡萄叶片较强的光合能力。

叶柄

叶片

托叶

图5-10　葡萄叶片构成

(五)花和果实

葡萄的花序为圆锥状花序,由花梗、花序轴、花朵组成,通称花穗。葡萄的花分为两性花、雌能花和雄能花(图5-11)。

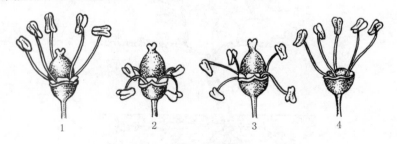

图5-11　葡萄花的类型

1.两性花　2.雌能花　3.两性花　4.雄能花

果穗由穗轴、穗梗和果粒组成(图5-12)。由于设施条件改变了葡萄固有的生长规律,原结果枝形成的冬芽受棚内光照和营养的影响,花芽分化不良,往往易导致隔年结果现象,这已成为设施葡萄栽培的一大障碍。而加强设施葡萄的水肥管理,提高营养贮备;控制好发育节奏,增强叶片质量;适当实行补光措施和二氧化碳气体施肥,提高光合性能,增加光合碳素生产等多种途径共同作用可有效克服上述现象。

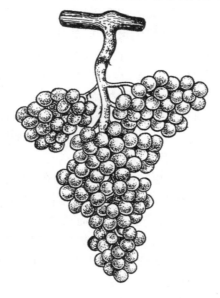

图 5 - 12　果穗

二、生长期特征

葡萄生长年周期随着环境变化而有节奏地通过生长期与休眠期,完成年周期发育。在生长期进行萌芽、生长、开花、结果等一系列的生命活动,这种活动的各个时期称为物候期。

(一)生长期

已结果的植株,其生长物候,一般分为六个阶段:

1. 伤流期　由树液流动开始,至芽开始萌动为止。当土温升至 6～9℃时葡萄根系开始活动,将大量的营养物质向地上部输送,供给葡萄发芽之用。由于葡萄茎部组织疏松,导管粗大,树液流动旺盛,若植株上有伤口,则树液会从伤口处流出体外,设施内进行葡萄枝蔓修剪时,尤其要注意防止伤流现象的发生。

2. 萌芽生长期　从葡萄芽眼萌发到开花始期约 40 天。春季气温回升到 10℃时冬芽开始萌发,初时生长缓慢,节间较短,叶片较小。随着气温的升高,生长速度加快,节间加长,叶片增大,当气温升至 20℃以后,进入新梢生长高峰。当设施内土壤温度达到 10～15℃时,根开始生长。萌芽期也是越冬花芽补充分化始期,发育不完善的花芽开始进行第二级和第三级的分化。该时期,需要大量的营养物质和适宜的温度条件。

3. 开花期　从开始开花到谢花,5～14 天。同一植株上有 5% 的花开放为始花期,2～4 天后进入盛花期。开花期的适宜气温为 25～32℃,如果温度低于 15℃,则不能正常开花与受精。

4. 浆果生长期 自子房开始膨大,到浆果开始变软着色以前为止。早熟品种35~60天,中熟品种60~80天,晚熟品种80天以上。此时期结束时,果粒大小基本长成,种子也基本形成,枝蔓进行加粗生长,有些品种枝蔓基部已开始成熟。

5. 浆果成熟期 自果粒开始变软着色至完全成熟为止,20~30天。在该时期内,浆果内部进行着一系列的化学变化,营养物质大量积累,含糖量(果糖和葡萄糖等)迅速增加,含酸量与单宁相对减少,细胞壁软化,果粒变软。有色品种的外果皮大量积累色素,呈现本品种固有的色泽。白色品种与黄色品种果粒内的叶绿素分解,颜色变浅而成为黄色或黄白色。果粒外部表皮细胞分泌蜡质果粉层,种子成熟变褐色。设施栽培条件下,由于光照、温度等条件与露地有差异,浆果的果实品质易受到很大的影响,加强各种栽培措施来提高葡萄浆果的外在和内在品质尤为必要。

6. 落叶期 落叶期从浆果生理成熟到落叶为止。在设施栽培条件下,其栽培方式不同,落叶期差异也很大。日光温室越冬葡萄栽培,果实在5~6月采收,采收以后,因结果蔓上的冬芽是在短日照条件下发育成的,难以形成花芽,故必须立即进行修剪,重新培养新的结果母枝。这些新梢的生长发育处在长日照条件下,只要技术措施得当,其冬芽能够分化出优良的花芽。因此,这种栽培方式,其落叶期和新梢发育连在一起,长达150~170天。葡萄日光温室秋季延迟栽培,果实于11~12月采收,落叶期仅10天左右;大拱棚早熟葡萄栽培,落叶期范围为100~130天。

(二)休眠期

葡萄自新梢开始成熟起,芽眼便自下而上地进入了生理休眠期,叶片正常脱落后,在0~5℃温度条件下约经过一个月,绝大部分品种即可满足其对需冷量的要求。此时给予适宜的温湿条件,即可以正常萌芽生长。日光温室越冬栽培,应在满足品种需冷期后立即结束休眠,及早升温,而秋延迟栽培可以尽量延长休眠时间。

第四节　设施葡萄的建园技术

一、园片与设施规划

葡萄抗逆性强,适应性广,对大多数土壤条件没有严格要求。应选择土壤质地良好、土层厚、便于排灌的地片建园并构建设施。

单棚建园,平原地应设址于村落南边或周围有防护林带;山丘地应在背风的阳坡建棚。多棚连片建园,应细致规划,前后棚之间应留5米左右的间隔,以便留作业通道和避免相互遮阴。

二、栽植密度

栽植密度依品种特性、立地条件、效益目标及管理技术而定。设施栽培密度要远大于露地栽培密度。株行距(0.5~1.0)米×(1.5~2.0)米,每亩栽植350~900株;双行带状栽植,双篱壁整枝,株行距(0.5×0.5)米×(1.5~2.0)米。

三、栽植时期与栽植方法

北方各省可在3月中旬至4月上旬进行定植,入冬前出圃的苗子,要在湿沙中假植过冬。假植时应注意防干旱、防冻、防涝、防过湿;实行预备苗建园,可预先将健壮苗木栽植于营养袋中培养,继而选择生长势健壮、大小一致的苗木移到棚室定植,定植时间不得迟于6月20日。

四、葡萄园的建立

(一)定植技术

1. 苗木准备 栽前要选择合格的健壮苗木,品种纯正。标准:应具备7~8条2~3毫米粗的侧根和较多须根,长度15~20厘米,苗基直径0.5厘米以上,成熟好,有3个以上饱满芽,无病虫害,无严重的机械损伤及病虫危害症状,嫁接苗还要求接口愈合良好。

2. 平整土地 栽前对不平的地段要整平。如果地块不平会给以后灌水、排水等作业带来不便。

3. 挖定植沟、标定植点 葡萄定植沟最好在头年秋天或定植前按株行距挖好。宽度和深度各1米。挖时将表土放在一边,底土放在一边。回填时,先在沟底放一层有机物料(杂草、树叶、秸秆等)和少量粪肥,然后一层土一层粪(有机物料)回填。先回填表土、后回填底土。填至与地面平齐或稍高于地面,然后灌透水,使土沉实,再把沟面整平。用白灰或插标记按规定的株距标出定植点,定植点一定要标在定植沟中心,顺行向成一条线。

4. 栽植(定植)技术

(1)栽苗时期 北方栽植葡萄以春季栽植为好。最理想的栽植时期是20厘米深土温稳定在10~12℃以上,在沈阳附近以5月1日前后为宜。

(2)栽前苗木处理 首先要对苗木进行适当修剪,剪去枯桩,过长的根系剪留20~25厘米,其余根系也要剪出新茬,然后放在清水中浸泡12~24小时,让苗木充分吸水,提高成活率。

(3)栽植 首先以定植点为中心,挖宽深各30~40厘米的栽植穴,穴底放入农家肥5~10千克,加土搅拌,然后将苗放入,使根系疏散开,用土踏实,使根系能与土壤紧密结合。栽植深度要求自根苗以原根茎与土面平齐、嫁接苗接口离地面15~20厘米为宜。栽苗时,苗木要向上架方向稍倾斜,栽后要灌一次透水,待水透下后将苗木培一土堆(用细土、细沙)保湿,防止苗木芽眼抽干(春风大、干燥)。自根苗培土时土堆超过最上一个芽眼 2 厘米左右。

5. 栽后管理

☞ 待芽眼开始萌动时(7~10 天),将土堆扒开。

☞ 栽后一周内一般不灌水(防降地温)。

☞ 为了提高土壤温度,防止杂草影响苗木生长,要经常松土除草。

☞ 嫁接苗栽后要注意及时除去砧木上发出的萌蘖。

☞ 嫁接苗成活后要及时把塑料条解掉。

☞ 当新梢长到 20~30 厘米后,要及时立支柱、绑藤架。

(二)架式选择

葡萄是蔓生果树,为了充分利用光照和空气条件,争取高产优质,减少病虫害的发生,应根据自然条件、栽培条件、品种特性来选择合适的架式。葡萄的架式虽然很多,但可归纳为三大类:

1. 柱式架　在每株葡萄树侧面立柱(木杆、水泥杆、铁管等),柱高与树高一致,这种架式树干(主干)高度 1 米左右,在主干上直接着生结果枝组,当年长出的新梢以柱为中心向四周下垂生长(图 5-13)。

2. 篱架　架面与地面垂直似篱笆,所以称为篱架,又称立架。架高依行距而定。行距 1.5 米时,架高 1.2~1.5 米;行距 2 米时,架高 1.5~1.8 米。

立架方法:设施内于行两头设定柱。立柱埋入地下 50~60 厘米,然后在立柱上横拉铁线,第一道铁线离地面 60 厘米,往上每隔 50 厘米拉一道铁线。将枝蔓固定在铁线上。即每行设一个架面且与地面垂直。因此,这种架式称为单壁立架。

这种架式优点是:光照与通风条件较好,葡萄上色及品质较好,能提高浆果品质。适于密植,利于早期丰产(行距小、成形快)。操作管理如打药、夏剪、冬剪、上下架、防寒等比较方便。

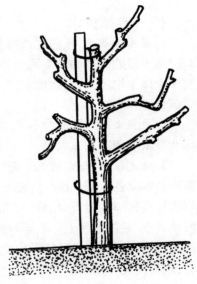

图 5-13　葡萄的柱式架

3. 棚架　在立柱上设横梁或拉铁线,架面与地面平行或稍倾斜。整个架像一个荫棚,故称棚架。这种架式在我国应用最多,历史最久。棚架根据构造可分为两种:

(1)大棚架　行距在 6 米以上的棚架称为大棚架。

特点:架根高 1.5 米,架梢高 2~2.4 米。如行距超过 8 米,架中间要加一排立柱。在水泥柱上架设横梁,在横梁上拉铁线(每隔 50 厘米一道)。架面呈倾斜状。

(2)小棚架　行距在 6 米以下的棚架。

特点:株距 0.5~1.5 米。搭架时架根高 1.5~1.8 米,架梢高 2.0~2.2 米。第一排柱距植株 0.7 米左右。顺主蔓伸长(延伸)方向架设横梁。在横梁上每隔 50 厘米拉一道铁线。

优点:由于行距缩小,架较短,成形较快(3年),有利于早期丰产,定植后 3~4 年达丰产。枝蔓短,上下架方便。有利于枝蔓更新,2~3 年就可补充空位。树势均衡。架面好控制,高产、稳产。

(三)整形

1. 棚架二条龙(蔓)整形技术 行距 4~5 米的棚架葡萄,一般需要 3 年完成整形过程。

(1)第一年 春季苗木萌发后,选两条生长势较好的新梢作主蔓,其他新梢从基部抹除。作主蔓用的新梢长到 1.5 米左右时摘心,但到 8 月中旬必须进行摘心,以促进枝蔓成熟。作主蔓用的新梢在摘心前或摘心后均会发出副梢,其处理方法是:新梢基部 5~6 节以下的副梢贴根抹除,新梢最上部 1~2 个副梢留 4~5 片叶摘心,新梢中部各节发出的副梢留 1~2 片叶摘心。以后发出的二、三次副梢,新梢最顶端的副梢留 3~4 片叶反复摘心,其他副梢一律留 1 片叶反复摘心。

冬季修剪时主蔓一般剪到成熟节位,但剪留长度不超过 1.5 米,并且要求剪口下枝条直径在 0.8 厘米以上。主蔓上的所有副梢一律从基部剪除。

(2)第二年 春季萌芽后在每条主蔓最前端选一个强壮新梢作延长梢(蔓),延长梢以下 30~50 厘米内的新梢不留果,有花序则全部疏除,以促进主蔓延长梢加速生长,再往下的新梢每枝留一穗果,多余的花序尽早疏除,近地面 40~50 厘米的新梢全部抹除,一般每株留果 6~10 穗。结果枝于开花前 3~5 天至初花期摘心,营养枝长到 10~12 片叶时摘心。主蔓延长梢在 8 月中旬时摘心。副梢处理方法与第一年相同。

冬季修剪时主蔓下部距地面 40~50 厘米的枝条贴根剪除,主蔓延长梢一般剪到成熟节位,但剪留长度不能超过 2.5 米,其他结果枝和营养枝一般剪留 2~4 个芽。

(3)第三年 春季萌芽后在主蔓最前端继续选留一条强壮新梢作主蔓延长梢,8 月中旬摘心。延长梢往下 0.5 米内的新梢不留果,其他新梢可按照生长势留果,强壮枝留 2 穗,中庸枝留一穗,弱枝不留穗。新梢摘心和副梢处理与上年相同。冬季修剪时主蔓延长梢剪到成熟节位,最长不超过 2 米,在主蔓上每米选留 3 个左右结果枝组,多余的从基部剪除,枝组上母枝剪留 2~4 个芽。到此幼树整形基本完成。如主蔓未爬满架,第四年延长梢再留 1.0~1.5 米。

2. 篱架扇形整形技术 第一年春季苗木萌发后,根据株距大小确定选留的主蔓数(株距 1 米留 2 条主蔓,株距 1.5 米留 3 条主蔓,株距 2 米留 4 条主蔓,图 5-14)。选好作主蔓用的新梢后,将其均匀绑到篱架架面上,当主蔓长度达到架高 2/3 时进行摘心。主蔓上长出的副梢最前端的一条留 4~5 片叶反复摘心,其余副梢留一片叶反复摘心。冬剪时主蔓剪留到成熟节位,不超过 1.2 米(控制在第二道铁线上),主蔓上的副梢从基部剪除。第二年春季萌芽后,每个主蔓选一壮枝作主蔓延长梢,超过第三道铁线(1.5~2.0 米)时摘心。所有的结果枝均留 1~2 穗果,并在初花期进行摘心。摘心后发出的副梢处理方法:最前端的一个副梢留5~6片叶反复摘心,其余副梢可留一片叶反复摘心或全部抹除。冬剪时结果母枝隔一去一,留下的母枝进行短梢修剪,剪留3~4个芽。主蔓延长蔓控制在第三道铁线上。第三年春季萌发后,每个母枝选留2个长势好的新梢。新梢摘心和副梢处理及冬剪与第二年相同,以后每年都这样循环进行。隔2~3年主蔓要逐步更新。

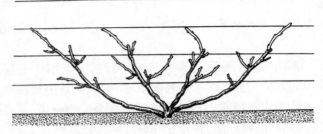

图5-14 多主蔓扇形修剪

篱架扇形整形也会遇到棚架整形时出现的问题:①第一年苗木萌发后选不够要求的主蔓数。可在新梢长到6~7片叶时摘心,从夏芽萌发的副梢中选留主蔓。②第一年苗木萌发后长出的新梢细弱,可在新梢长到30厘米时摘心,发出的副梢最前端留4~5片叶反复摘心,其余副梢留1片叶反复摘心。以后各年按正常的整形过程进行。

3.篱架水平整形技术 第一年苗木萌发后根据株距大小确定选留主蔓数,一般株距1米的留一条主蔓叫单臂水平整形技术;株距1.5米可以留一条主蔓,也可以留2条主蔓叫双臂水平整形技术。主蔓在篱架面垂直向上引缚,当长度超过臂长(即主蔓呈水平引缚时,从地面到达与邻株相连接处的长度)时摘心。副梢处理与扇形整形要求相同。冬剪时主蔓于最前端1~2个长副梢节位下剪截,使剪留长度与臂长相等。

第二年春出土上架时,主蔓沿第一道铁线水平引缚。单臂水平形的各主蔓在第一道铁线上顺一个方向水平引缚,双臂水平的每株2条主蔓在第一道铁线上分别向左右两个方向水平引缚。萌发后新梢均向上垂直引缚,于初花期摘心。留1条发出的最前端副梢,留4~5片叶摘心,花序以下副梢贴根抹除,其余副梢均留1片叶反复摘心。冬剪时,主蔓上的结果母枝按25~30厘米间隔保留,其余从基部疏除。留下的母枝均剪留2~4个芽。

以后各年如第二年管理,如此反复循环。当主蔓上结果枝组老化时,可从主蔓基部培养预备蔓,将老蔓剪掉,用预备蔓代替原主蔓。

五、抹芽与定梢

(一)抹芽与定梢的目的

抹芽与定梢是最后决定新梢选留数量的措施,是决定葡萄产量与品质的重要作业方式。由于冬季修剪较重,容易产生很多新梢,如果新梢过密,树体营养分散,单个枝条发育不良,常造成品质下降及当年花芽分化不良。通过抹芽与定梢,可以根据生产目的有计划地选留新梢数量,从而保证了合理的叶面积系数,保证了枝条、果实的正常生长发育。

(二)抹芽的时期及方法

抹芽一般分两次进行。第一次抹芽应在萌芽初进行,对双生芽、三生芽及不该留梢部位的芽眼,可一次性抹除。第二次是在 10 天之后进行,对萌发较晚的弱芽、无生长空间的夹枝芽、部位不适当的不定芽等抹除,将空间小及不计划留新梢部位的芽也抹除(图 5-15)。

图 5-15　抹芽(抹除弱芽)

(三)定梢的时期及方法

定梢一般是在能看出花序大小的时候进行(图 5-16),根据定产要求进行,优先保留那些发育较好、着生花序且花序发育良好的新梢,去除位置不佳、新梢拥挤、没有着生花序的副梢。生长势旺盛的树也可适当推迟。

这项工作是决定当年留枝密度的最后一项工作,决定着当年新梢的摆布、结果枝数量的多少。通过定梢可以使枝条在空间上均匀地、合理地分布,避免过密或过稀,使光照得到充分利用。可根据不同地区、不同品种、不同生产目的灵活掌握。定梢要兼顾到花序的选留,特别是对于一些结果性状不好的品种这项工作显得更为重要。一般营养枝与结果枝的比例控制在 1:2,根据不同品种、不同情况灵活掌握。定枝还要兼顾到结果枝组的更新方法,作为预备枝选留的,为避免结果部位连年较快上移,尽可能选留下部的新梢。

图 5-16　定梢时期

(四)新梢生长期的生长特点

新梢生长期是指从发芽到开花前的这一段时期,此期新梢生长量占全年 60% 左右。在葡萄发芽初期,前几片大叶片的生长及花序的形成所消耗的营养主要来自树体上年存储的营养物质,甚至一直零星维持到开花期前后,只是作用所占的比例逐渐降低,而逐渐被新梢叶片光合作用制造的营养所代替。树体营养是新梢生长的重要影响因素,对新梢生长势的强弱有重要影响作用。从春季展叶后 10 天左右到落花后 20 天左右是新梢生长最为旺盛的时期,一般肥力的地块每天新梢生长量可达 3~4 厘米。在我国中部地区,一般立秋后应严格控制新梢生长,促进花芽分化、枝条充实、养分积累。

生产中可以根据新梢生长状况来判断树势强弱,一般认为新梢基部越粗、新梢生长点越壮、新梢先端向下越弯曲时,表明树势越强。当树势较强时,新梢上常出现果穗大小不整齐,且容易落花落果的现象;当树势较弱时,果粒小、产量低,如果结果过多,将会造成树势的进一步衰弱,进而影响到当年的越冬和下一年的生长。因此,生产中应着重培养中庸树势,以促进生长与结果。

六、新梢绑缚

(一)绑缚的目的

根据不同的品种及栽培目标,在单位面积内需要培养合适的新梢数量。根据单位面积栽培的株树,将新梢数量分配到每株树。定梢后的新梢生长到一定长度时要进行及时绑缚,其目的一是为了合理利用光照条件,二是保证新梢能按要求在架面上均匀分布,以合理利用空间。

(二)绑缚的方法

按照确定的新梢间距,将其均匀固定。结果母枝的引缚应根据其在架面上的角度而定。结果母枝在架面上的开张角度有几种可能,其角度开张的大小,对生长发育会产生很大影响。垂直向上生长时,生长势较强,新梢徒长节间较长,不利于花芽分化和开花结果;向上倾斜生长时,树势中庸,枝条生长健壮,有利于花芽分化;水平时,有利于缓和树势,新梢发育均匀,有利于花芽形成;向下斜生时,生长势显著削弱,营养条件变差,既削弱了营养生长,又抑制了生殖生长。所以,结果母枝应以垂直引缚或者倾斜引缚较为合适,而水平引缚有抑制生长的作用,利于生殖生长。因此,生产上对于强枝来说,应加大开张角度,适当抑制其生长,使生长势逐渐变缓;对于弱枝,应缩小角度,促进生长。通过枝条选留的角度来适当调节生长势较强或较弱的品种,对促进合理生长具有一定的意义。

图 5 - 17　扎丝绑缚

在我国南方地区,常采用扎丝绑缚,既方便又省工(图 5 - 17)。冬季修剪时,手推枝条,扎丝即从一端打开而保留在铁丝上,且扎丝可连续使用多年。在等距离定梢时,扎丝等距离分布在钢丝上,使用时较为方便。枝条的猪蹄扣捆法(图5-18)和采用绑蔓机进行新梢绑缚(图5-19)也是常用的方法,操作较为简便。

图5-18 枝条的猪蹄扣捆法

图5-19 绑蔓机绑缚(许领军 提供)

七、新梢摘心

(一)摘心的目的

新梢在开花前后生长异常迅速,对于着生有花序的新梢来说,此时正值开花结果期,需要大量的营养供应,如果放任新梢继续生长,势必造成新梢与花序之间的营养竞争,对结果枝如不加控制,竞争的结果往往是新梢继续大量生长,开花时会加重落花落果、果实品质降低。生产上通过对结果枝摘心而抑制其生长,使营养物质集中供应到花序,以促进坐果是非常必要的手段,这项工作在落花落果严重的品种上显得更为重要。

对于留作下年结果用的预备枝来说,对新梢及时摘心后,由于短期内营养生长得到一定控制,摘心部位以下的芽会得到充分发育,可有效促进花芽分化,对下年产量提高有重要作用。

(二) 摘心的方法

摘心应在叶片面积在正常叶片的1/3左右时进行(图5-20)。支持这一方法的理论依据是：当幼嫩叶片达到正常成龄叶片的1/3左右时，叶片本身光合作用制造的营养物质速率与供应自身叶片继续生长需要所消耗的营养物质速率基本相当，也就是说，当叶片面积小于正常叶片大小的1/3时，本身制造的营养物质速度小于叶片继续生长需求所消耗的营养物质速度，叶片本身自己生长需要的营养物质一部分还要靠其他叶片来供给；当叶片面积大于正常叶片大小的1/3时，自身就能够满足自己继续生长所消耗的营养而且有所积累，并可供应其他器官。新梢整个生长季节一般要进行2~3次摘心，使新梢叶片数控制在15~18片，这样基本可以满足果穗生长发育所需要的营养物质供应(图5-21、图5-22)。

图5-20 摘心方法

图5-21 摘心当天

图5-22 摘心7天后

结果枝第一次摘心通常在开花前进行，一般在开花前 3～5 天的时间内，从半大叶片处摘心。摘心的目的是控制新梢继续生长，利于营养物质向果实输送，促进果实快速膨大。摘心时位置的确定除按上述理论以外，还应考虑到品种的落花落果特性、摘心的时间等。对落花落果严重的品种(如巨峰等)摘心时，通常在开花前 3～5 天完成摘心工作，而发现田间已经有花开放时，这时的摘心尽可能在叶片较大处进行，一般叶片面积应达到正常大小的 1/2 或者 1/2 以上。对落花特别严重的品种，有时必须进行重摘心才能达到理想的效果。

第二次摘心应掌握在新梢上有 15～18 片叶时，根据不同品种、不同生长势灵活掌握。

在一般情况下，此次摘心后，以后萌发的副梢应及时全部抹除。在整个生长季节里，新梢保留 15～18 片叶，再发出的副梢均抹除，以促进新梢营养积累及枝条老化，对花芽分化有良好的促进作用。体内营养物质浓度的提高，可显著提高植株冬季抗寒性。

目前，在我国南方地区于"V"形架上广泛使用的"8+3+4"摘心模式是生产精品葡萄、促进花芽分化的理想模式，应加以推广。其主要内容是：第一次摘心在见花前 10～15 天，当新梢长出 8 片叶以上时，对其进行剪梢保留 8 片叶。对一个新梢来说，剪梢后比摘心后生长得更快。当采用 4 主蔓整形时，常以拉丝为标志，在同一位置剪梢。此次剪梢后，可显著促进剪梢部位以下几个节位的花芽分化，对花序发育也有重要促进作用，可提高坐果质量、减轻大小粒。第一次剪梢后的 15～20 天，正值开花盛期，顶端副梢已经生长到 4 片叶以上，此时应保留 3 片叶，进行第二次剪梢(或摘心)。多数品种第二次的剪梢期应掌握在见花后的一周之内，时间推迟时，会加重落果。第二次剪梢后，当上部副梢长至 5 片叶以上时，保留 4 片叶左右摘心。对于今后再发出的副梢，应及时抹除，整个生长季节保持 15 片叶。保留 15 片叶时，抹除新梢最上部的副梢带来的新梢顶端冬芽萌发，对下年生长结果基本不会产生影响。在避雨栽培条件下，如果空间允许，第三次摘心时，也可适当增加叶片保留数量。在我国北方地区，采用"8+3+4"模式时，应加强水分管理，在提高植株生长势的基础上进行。

八、副梢的处理

(一)副梢处理的必要性

副梢是葡萄植株的重要组成部分，如果管理及时、处理得当，会使叶幕层密度合理，可以增强树势，弥补主梢叶片不足，提高叶片光合作用(图 5-23、图 5-24)。对有些品种，当预定产量不足时，可以利用副梢结二次果。如果副梢处理不及时，将会造成叶幕层过厚、架面郁闭、通风透光不良、树体营养消耗严重、不利于花芽分化，并且降低果实的品质和产量。

对于因没有及时处理而已经长出多个叶片的副梢，生产上应根据田间具体情况进行处理，不可一次性地从根部抹除，那样做一是造成浪费，因为叶片已经长成，二是处理不当将会造成冬芽萌发。如果附近尚有空间，叶幕层尚未达到要求的厚度，可对副梢进行重摘心，同时要一次性全部抹除其上的二次副梢。

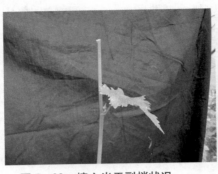

图 5 – 23　摘心当天副梢状况

图 5 – 24　摘心 7 天后副梢状况

（二）副梢处理的方法

结果枝摘心后,对日灼病发生严重的品种及地区,可在果穗着生节位上部 1 ~ 3 节各选留 1 副梢,每副梢留 2 ~ 3 片叶绝后摘心,利用副梢叶片遮挡阳光,减少日灼病的发生。结果枝摘心后,一般选留最上部 1 个副梢继续生长。葡萄开花前是葡萄植株营养生长旺盛期,摘心后一般不要一次性抹除全部多余的副梢,否则有刺激新梢上部冬芽萌发的危险。副梢抹除一般于摘心 5 ~ 7 天后开始进行,一般要分两次进行,第一次先抹除下部副梢,待上部所要留的副梢长出后再抹除剩余的其他副梢。对于冬芽容易萌发的品种,生产上常采取保留最上部两个副梢,摘心部位下的第二个副梢也可以留 2 ~ 3 片叶绝后摘心,留摘心部位下的第一个副梢继续生长。这样不但可起到避免或缓冲冬芽萌发的作用,也不会因为同时选留两个副梢而造成上部叶片过于郁闭。果实开始进入快速生长期后,营养生长开始放缓,上部的新梢生长速度开始下降,即使保留最上部的一个副梢,冬芽萌发的可能性也大大降低(图 5 – 25、图 5 – 26、图 5 – 27)。

图 5 – 25　副梢抹除

图 5 - 26　副梢单叶绝后摘心

图 5 - 27　副梢双叶绝后摘心

　　副梢在 3 ~ 5 厘米时去除较好,以节省营养满足果实生长发育的需要,同时促进花芽良好分化。从一定程度上说,在一年中单位面积葡萄园的副梢去除的重量是衡量夏季田间管理精细程度的重要指标,也是衡量花芽分化是否良好的重要指标。副梢过早去除时,可能会对幼嫩新梢产生伤害,去除过晚时,不但浪费大量营养,同时较大副梢的突然去除,会带来树体的负面作用,这在葡萄生产上是常常遇到的,应引起重视,尽量避免发生。当空间较大时,对较大副梢的正确处理方法是适当保留叶片绝后摘心,不可教条式地全部抹除,因为已经长成的大叶片通过光合作用能带来营养物质的积累。

在实际的生产中,往往前期摘心工作做得很到位,而后期往往忽视了摘心工作,任其生长而影响到花芽分化的质量。现代葡萄生产管理的目标是,在促进新梢健壮生长的基础上,对其尽可能地摘心、摘心、再摘心,每新梢保持 15～20 片的叶片。从葡萄开花坐果期开始,始终要通过反复摘心的方式控制营养生长,促进花芽分化。只有花芽分化质量好了,下年结果才会更好。要树立这样一个概念:下年产量与品质的高低,从一定程度上来说是由对新梢的管理质量决定的。新梢叶片数目达到要求的数量后,再发出的副梢要及时抹除,新梢最上部个别冬芽萌发,对下一年葡萄产量与质量不会造成影响。

生产上常常发现有的葡萄园前期管理很重视,结果后疏于管理,尤其是果实采收后,对副梢放任生长不加以控制,这样对树体养分积累极为不利,严重影响到后期花芽分化的质量,其抗冻性显著降低,冬季极易发生冻害。调查发现,结果少的葡萄园常是因为管理不够精细,没有按照以上技术进行精细管理,实践证明,只要按照以上方法管理了,花芽分化就可以顺利地进行。

第五节　葡萄促早栽培的促花技术

一、施肥、浇水技术

葡萄苗木定植后可于 5 月底浇 1 次水,其他时间可根据天气降雨和土壤墒情酌情浇水,整个生长季一般可浇水 3～4 次。6 月、7 月各追肥一次,每次每株追尿素 25～50 克,施肥后立即浇水。进入 8 月,可酌施磷、钾肥。9 月,及早进行秋施基肥,每公顷施有机肥 60 吨左右。整个生长季,为促苗木生长与花芽分化,可连续多次根外追肥,每隔 10～15 天 1 次,间隔氮肥(尿素)与磷钾肥(磷酸二氢钾)施用,浓度为 0.3%～0.5%。

二、修剪促花技术

(一)副梢管理

注意加强副梢叶片的利用,因为葡萄生长发育后期主要依靠副梢叶片进行光合作用,在设施葡萄栽培中更为明显。

(二)摘心

摘心或截顶:减少幼嫩叶片和新梢对营养的消耗,促进花序发育,提高坐果率。摘心是保花保果必不可少的措施,结果枝蔓一般在开花前 4～5 天内完成摘心,落花落果严重的品种,果穗以上留6~8片叶摘心。当新梢长至30厘米时就可及早摘心,促使基部副梢萌发,以利于副梢整形,并培养副梢为结果母蔓;副梢萌发后,应根据副梢生长强弱选留2~4个,多余的及时疏除或摘心;当副梢长至0.6~1.0米时再摘心,其上的二次副梢留1~2片叶摘心,或尽量不让二次副梢发出,及时疏去夏芽。

(三)扭梢

扭梢可显著抑制新梢旺长,促进果实成熟、改善果实品质及促进花芽分化。这是北方产区葡萄棚架栽培的一种花期前后新梢处理方法,对北方棚架葡萄进行短梢修剪能够实现连年稳产。通过扭梢处理,增加新梢基部2~3节的营养贮备并启动花芽分化,为下年的结果做好准备。同时,减少了枝梢横向生长的速度,使叶幕更加紧凑。但应注意,扭梢的绑缚不要形成较大的梢尖重叠,否则会减少葡萄的有效光合叶面积,影响光合效率。扭梢后长出的副梢叶片间距较小,根据空间情况进行选留,不可形成过密的叶幕层。

(四)新梢环割或主蔓环剥

新梢环割或主蔓环剥是一种花期前后可有效暂时转移体内营养并分配的方法。于开花前后环割或环剥可显著提高坐果率,增加单粒重;于果实着色前环割或环剥可显著促进果实成熟并改善果实品质。对树势强旺的品种可适当加宽环剥带或进行多级处理(主蔓上多级或主蔓一侧蔓环剥);对坐果极易受到生长势影响的品种,可在主蔓环剥的同时进行新梢果穗以下环割处理,对促使营养向花果集中效果十分明显。对于环剥或环割时期需有所选择,如提高坐果率,可适当早进行;如单纯提高果实膨大效果,则可晚些进行处理。

(五)立架绑蔓

及时设立支架,拉上铁丝,引缚枝蔓使其直立或斜上生长,这样的新梢生长饱满充实,不要任其在地面上匍匐生长。要使苗木在第二年结果或多结果,必须在当年培养壮苗。

(六)合理冬剪

葡萄植株落叶后及时进行冬剪。生长衰弱,枝蔓少或纤细的植株,在近地表处进行3~5芽的短梢修剪;生长中庸的健壮枝蔓,可留50厘米左右剪留至壮芽,将其水平绑缚在第一道铁丝的两侧。强旺枝蔓进行长枝修剪,以占领空间。结果母蔓上尽量留着生饱满的壮实冬芽,为扣棚后丰产奠定基础。

第六节　设施葡萄栽培调控技术

一、设施休眠调控技术

(一)扣棚时间

葡萄的自然休眠期较长,一般自然休眠结束多在1月中下旬。因此,如无特殊处理,最早扣棚时间应在12月底至翌年1月上中旬。过早扣棚保温,葡萄植株往往迟迟不发芽,或者发芽不整齐、卷须多,花量少而达不到丰产的要求。为提早上市,可于落叶后试行"集中预冷法"处理,保持低温(大于0℃,小于10℃)30~40天,并结合应用化学试剂"石灰氮"打破休眠。

(二)低温集中预冷

当葡萄秋末落叶后,监测夜间温度在7℃左右(0~10℃也可),可及时进行扣棚,并盖上草帘。此时的扣棚不是为了升温,而是为了降温和低温预冷。其方法是:白天盖草帘、遮光,夜间打开放风口,让棚室温度降低;白天关闭所有风口以保持低温。大多数葡萄品种经过30~40天的低温预冷,便可满足低温需求量,进行保温生产。

(三)石灰氮打破休眠

石灰氮的学名叫氰氨基化钙。葡萄经石灰氮处理后,可比未经处理的提前20~25天发芽。使用时,每1千克石灰氮,用40~50℃的温热水5千克放入塑料桶或盆中,不停地搅拌,经1~2小时,使其均匀成糊状,防止结块。使用前,溶液中添加少量黏着剂或吐温20。可采用涂抹法,即用海绵、棉球等沾药涂抹枝蔓芽体,涂抹后可将葡萄枝蔓顺行放贴到地面,并盖塑料薄膜保湿。

二、设施环境调控技术

(一)设施温度管理技术

1. **土壤温度**　扣棚前就应提高土壤温度,在扣棚前40天左右,棚室地面充分灌水后覆盖地膜,当扣棚升温时,土壤温度应达到12℃左右。

2. **气温调控**

(1)休眠期温度的调控　葡萄植株的休眠期是从落叶后开始到次年萌芽为止。一般于11月上中旬在温室的屋面覆盖塑料薄膜后再盖草苫使室内不见光,温室内温度保持在7.2℃以下、-10℃以上,如温度过低,可在白天适当揭帘升温。这样既能满足休眠期的低温需求量,又使葡萄不致遭受冻害。若使葡萄提早萌芽,可在12月中下旬用10%~20%的石灰氮液涂抹结果母枝的冬芽,迫使植株解除休眠,加温后即可提前萌芽。

（2）升温后至果实采收期温度的调控　一般于 1 月上中旬开始揭帘升温，30 ～ 40 天即可萌芽。萌芽前，最低温度控制在 5 ～ 6℃，最高温度控制在 30 ～ 32℃。萌芽至开花期，夜间低温在 7 ～ 15℃，白天高温 24 ～ 28℃，适温 20 ～ 25℃，白天温度达 28℃时开始放风。开花期，温度应控制在 15℃以上，白天最高温不能超过 30℃，最适温度为 18 ～ 28℃。果实着色期，一般夜间温度应在 15℃左右，不能超过 20℃，白天温度控制在 25 ～ 32℃，这样有利于果实着色和提高含糖量，在昼夜温差 12 ～ 15℃时，有利于浆果着色。

（二）设施湿度管理技术

萌芽前后至花序伸出期，湿度可适当大些，棚室相对空气湿度可达 80% ～ 90%；花序伸出后控制在 70% 左右；花期适度干燥，有利于花药开裂和花粉散出，可维持湿度在 50% ～ 60%，但过分干燥则影响坐果；其他时期空气相对湿度控制在 60% 左右。

萌芽至花序伸长期，温室内相对湿度应控制在 80% 左右；花序伸长后控制在 70% 左右；开花至坐果期控制在 65% ～ 70%；坐果以后温室内空气湿度应控制在 75% ～ 80%。

（三）设施光照管理技术

每季最好使用新的棚膜材料，为了增加温室内的光照，扣棚时一般选用无滴膜；及时清除棚膜灰尘污染，以保证膜的透光性；尽量减少支柱等附属物遮光；加强夏季修剪，减少无效梢叶的数量；阴天尤其是连续阴雨（雪）天，应在温室内铺设农用反光膜、安装吊灯等人工光源补光。

（四）设施气体调控技术

设施葡萄萌芽期和开花期设施内二氧化碳正常，以后随着叶片展开二氧化碳呈亏缺状态。针对葡萄容易出现二氧化碳不足，应采取以下措施：

1. **通风换气**　在 2 月前每天在 10 ～ 14 时通风换气 1 ～ 2 次，每次 30 分。以后随着温度的升高换气的时间逐渐加长，每天在温度达 28℃时开始通风换气，降至 23℃时关闭换气口。

2. **补充二氧化碳**　一是多施有机肥，二是施固体二氧化碳，三是使用二氧化碳发生器。施用时期宜选择在新梢速长期、果实膨大期、果实着色期及果实成熟期，每天 2 次，每次 1 小时，浓度 0.8 毫克/升。

三、花果管理技术

（一）提高坐果率

1. **控梢旺长**　对生长势强的结果梢，在花前对花序上部进行扭梢，或留 5 ～ 6 片大叶摘心。

2. **喷布硼肥**　花前对叶片、花序喷布 1 次 0.2% ～ 0.3% 的硼酸或 0.2% 硼砂溶液，每隔 5 天左右喷 1 次，共连续喷布 2 ～ 3 次。

3. **喷布赤霉素**　盛花期以 20 ～ 40 克/千克赤霉素溶液浸蘸花序或喷雾，不仅可以提高坐果率,而且可以提早 15 天左右成熟。

(二)疏穗、疏粒、合理负荷

1. **疏穗**　根据枝条生长势确定留果量。谢花后 10~15 天,生长势强的果枝可保留两个果穗,生长势弱的则不留,生长势中庸的只留一个果穗。

2. **疏粒**　落花后 15~20 天,疏去过密果和单性果,像巨峰葡萄,每个果穗可保留 60 个果粒。

(三)促进浆果着色和成熟

1. **摘叶与疏梢**　浆果开始着色时,摘掉新梢基部老叶,疏除遮盖果穗的无效新梢。

2. **环割**　浆果着色前,在结果母枝基部或结果基枝基部进行环割,可促进浆果着色,提前 7~10 天成熟。

3. **喷布乙烯利与钾肥**　在果头硬核期喷布 25 克/千克乙烯利加 0.3%磷酸二氢钾,可提早 7~10 天成熟。

四、肥水管理技术

(一)葡萄园施肥技术

1. **基肥**　以秋施为主,最好在葡萄采收后施入,也可在春季出土上架后进行。基肥以施有机肥为主,基肥作用时间长,肥效发挥缓慢而稳定。施用方法:

(1)**沟施**　每年在栽植沟两侧轮流开沟施肥,并且每年施肥沟要逐渐外扩。

施肥沟规格:离植株基部 50~100 厘米,挖宽、深各 40 厘米左右,每株按 50 千克,每亩 5 000 千克以上的施肥量将肥料均匀施入沟内,并用土拌好,然后回填余土,施肥后灌水。

(2)**池面撒施**　先把池面表土挖出 10~15 厘米厚一层,然后把肥料均匀撒入池面,再深翻 20~25 厘米厚一层,把肥料翻入土中,最后用表土回填。也可把腐熟的优质有机肥均匀撒入池面,深翻 20~25 厘米。

2. **追肥**　通过秋施基肥有时不能满足葡萄植株生长和结果对养分的需求(肥效慢、量不足),因此还应及时追肥。追肥一般用速效性肥料(化肥、尿素、硫铵、碳铵、二铵、人粪尿等)。葡萄追肥前期以追氮肥为主(宜浅些),中后期以磷、钾为主(磷肥移动性差,宜深些)。一般在以下几个时期如树体表现缺肥症状可考虑施肥:

(1)**春季芽眼膨大至开花前半个月**　以追施氮肥为主,成龄树每株追尿素 50~100 克,硫铵 150~200 克。此次追肥能促进萌芽及开花坐果。

(2)**坐果后(幼果迅速生长期)第二次追肥**　此次追肥仍以氮肥为主,同时可混施一定量的磷、钾。一般追尿素 50~100 克,磷酸二铵 50~100 克,氯化钾或硫酸钾每株 50~150 克。此次追肥主要是为了促进幼果生长及花芽分化。

(3)**第三次在果实着色前半个月左右进行**　这次以施磷、钾肥为主。追肥量同第二次。这次追肥可以促进果实着色、成熟,也能促进枝条成熟、充实,提高越冬能力。

追肥方法:氮肥(尿素等)可在池内两株葡萄间开浅沟把肥料施入,覆土后立即灌水。磷、钾肥由于在土壤中不易移动,应尽量多开沟并且沟深些。另外葡萄园还可追施人粪尿或鸡粪,随灌水流入池面内,既省工又施肥均匀,利用率高,并有改良土壤的作用。

在这三个时期除土壤追肥外,也可进行叶面追肥。浓度:尿素 0.3%、磷酸二氢钾 0.3% ~ 0.5%、氯化钾 0.1%、过磷酸钙 3%。

(二)设施葡萄水分管理技术

葡萄是需水量较大的果树,根、枝、叶含水量达 50% ~ 70%,果含水量 80% 左右,叶面积大,蒸发量大。

1. **灌水** 一个丰产的葡萄园应在以下几个时期安排灌水:

(1)萌芽前灌水 春季出土上架后至萌芽前灌水,称为"催芽水",此次灌水能促进芽眼萌发整齐、萌发后新梢生长较快,为当年生长结果打下基础。灌水要求一次灌透。

(2)开花前灌水一般在开花前 5 ~ 7 天进行,这次灌水叫花前水或催花水。可为葡萄开花坐果创造一个良好的水分条件,并能促进新梢的生长。

(3)开花期控水 从初花期至末花期的 10 ~ 15 天时间内,葡萄园应停止供水。否则会因灌水引起大量落花落果,出现大小粒及严重减产。

(4)浆果膨大期灌水 从开花后 10 天到果实着色前这段时间,果实迅速膨大,枝叶旺长,外界气温高,叶片蒸腾失水量大,植株需要消耗大量水分,一般应隔 10 ~ 15 天灌水一次。只要地表下 10 厘米处土壤干燥就应考虑灌水,以促进幼果生长及膨大。

(5)浆果着色期控水 从果实着色后至采收前应控制灌水。此期如果灌水过多,将影响果实的糖分积累、着色延迟或着色不良,降低品质和风味,也会降低果实的贮藏性。某些品种还可能出现大量裂果或落果。此期如土壤特别干旱可适当灌小水,忌灌大水。

(6)采收后灌水 由于采收前较长时间的控水,葡萄植株已感到缺水,因此在采收后应立即灌一次水,此次灌水可和秋施基肥结合起来。因此又叫采后水或秋肥水。此次灌水可延迟叶片衰老、促进树体养分积累和新梢及芽眼的充分成熟。

(7)秋冬期灌水 葡萄在冬剪后埋土防寒前应灌一次透水,叫防寒水,可使土壤和植株充分吸水,保证植株安全越冬。对于沙性大的土壤,严寒地区在埋土防寒以后当土壤已结冻时最好在防寒取土沟内再灌一次水,叫封冻水,以防止根系侧冻,保证植株安全越冬。

2. **排水** 葡萄园缺水不行,灌水很重要。但园地水分过多会出现涝害。症状是:葡萄植株地下部根系因缺氧窒息而死亡。首先根皮腐烂,用手一撸就脱落,接着木质部变褐变黑;地上部涝害症状表现为枝梢最初徒长,但很快因根系吸收能力减弱而使新梢停止生长,基部叶片变黄,随后梢尖干枯,叶片脱落。

五、整形修剪技术

(一) 葡萄冬季修剪技术

1. **冬季修剪的时期** 冬剪应在落叶后、土壤结冻(防寒)前进行。在南方,虽然自然落叶后至第二年萌芽前有较长的时间,但也应在萌芽前两个月进行修剪。

2. **结果母枝的修剪方法** 结果母枝有三种修剪方法:

(1)短梢修剪 结果母枝剪留 1~4 个芽。其中只留 1 芽或只保留母枝基芽的称为超短梢修剪。

(2)中梢修剪 结果母枝剪留 5~7 个芽。

(3)长梢修剪 结果母枝剪留 8 个芽以上。

在棚架栽培下,对大多数基芽结实力较高的品种,结果母枝一般均采用短梢修剪,篱架栽培多采用短梢修剪和中梢修剪相结合。但是对基芽结实力低的品种,如欧亚种的部分品种,其花芽形成的部位稍高,一般采取中、短梢混合修剪。长梢修剪多用在主蔓局部光秃和延长枝修剪上。

3. **结果母枝的更新修剪** 棚架栽培采用短梢修剪时,结果母枝宜采用单枝更新修剪法。即每个短梢结果母枝上发出的 2~3 个新梢,在冬剪时回缩到最下位的一个枝,并剪留 2~3 个芽作为下一年的结果母枝。这个短梢结果母枝即是明年的结果单位,又是明年的更新枝,结果与更新在一个短梢母枝上进行。冬剪时将上位母枝剪掉,下位母枝剪留 2~3 个芽,以后每年都如此进行,使结果母枝始终靠近主蔓。这种结果母枝更新修剪具有以下几个优点:①结果部位不易外移,利于高产稳产;②留芽、留枝数合适,节省水分、养分和抹芽、定枝工作量;③架面枝蔓分布均匀,修剪方法简单易掌握。

结果母枝还有一种更新修剪方法,叫双枝更新,适于在中、长梢修剪时采用。修剪时,将结果枝组上的两个母枝中下位的枝留 2~3 个芽短剪,作为预备枝;处于上位的枝可根据品种的特性和需要,进行中、长梢修剪。第二年冬剪时,上位结完果的中、长梢可连同母枝从基部疏剪;下位预备枝上发出的 2 个新梢再按上年的修剪方法,上位枝长留(中长梢修剪),下位枝短留,留 2~3 个芽。以后每年如此循环进行。这种结果母枝更新方法结果部位外移相对快些,枝组大,枝条密,通风透光差些。

4. **枝组的更新修剪** 枝组经几年连续生长结果后,基部逐渐加粗、剪口数不断增加,成弯曲生长、老化,结果能力下降,水分、养分运输能力减弱,因此必须有计划地进行更新。枝组一般每隔 4~6 年更新一次。从主蔓潜伏芽(或枝组基部潜伏芽)发出的新梢中选择部位适当、生长健壮的新梢来代替老枝组,培养成新枝组。培养更新枝组要在冬剪时分批分期轮流地将老化枝组疏除,使新枝组有生长空间。

5. **主蔓的更新修剪** 主蔓多年结果后,会过于粗大,防寒不便,容易劈裂,并且伤口较多,生长势衰弱,运输水分、养分能力下降,芽眼不能正常萌发,瞎眼很多,结果能力下降,产量下降。因此对主蔓要逐步更新,更新方法有两种:

(1)局部更新 当主蔓中下部生长结果正常而前部生长衰弱、瞎眼光秃较多、结果能力下降时,可进行局部更新。从哪里开始衰弱就从哪里进行更新。冬剪时在衰弱地方下面选留生长势强壮的枝条培养成新的主蔓,将衰弱部分剪去。这种更新方法树体恢复快,对产量影响较小。

(2)主蔓大更新 一般主蔓结果10年以后,就会衰老,要进行更新。方法是:从老蔓基部培养萌蘖作更新蔓,冬剪时逐步疏除老蔓上的枝组和母枝,减少老蔓上的枝量,腾出一些空间让主蔓向前延伸生长,当更新蔓连续培养2年左右,其结果量接近或超过老蔓时,将老蔓从基部疏除,由更新蔓代替老蔓的位置。大更新必须在有利于保证产量和果实品质的前提下有计划地进行,不能急于求成。

6.棚架葡萄的模式化修剪 北方葡萄生产上以棚架为主,采用龙干树形,主蔓上有规则地分布着结果枝组、母枝和新梢,因此可按"1-3-6-9-12"修剪法进行模式化修剪。即在每1米长的主蔓范围内,选留3个结果枝组,每个结果枝组保留2个结果母枝,共6个结果母枝。每个结果母枝冬剪时采用单枝更新、短梢修剪,剪留2~3个芽。春天萌发后,每个母枝上选留1~2个新梢,共选留9~12个新梢。这样当葡萄株距为1米、蔓距为0.5米时,1米²架面上可有18~24个新梢,再通过抹芽、定枝去掉一部分新梢,达到合理的留枝量。

按照这个模式,篱架扇形和水平形整枝时,1米主蔓内可留4个结果枝组。并且主蔓更新年限要较棚架缩短,每隔2~3年更新一次。

(二)葡萄夏季修剪技术

葡萄的冬芽是复芽,有时一个芽眼能萌发出2~3个新梢,并且葡萄新梢生长迅速,一年内可发出2~4次副梢。如生长季不进行修剪控制,就会造成枝条过密,影响通风透光,分散和浪费营养,从而降低坐果率及浆果的产量和品质。造成果粒变小、果穗松散、糖度降低、着色不良、成熟延迟等。因此,葡萄每年必须进行多次细致的夏季修剪。这是葡萄园管理中一项非常重要的工作,也是葡萄丰产和优质的基础和保证。

1.抹芽 春季芽眼萌发后在新梢长到5~10厘米之前进行,抹去多余无用的芽。近地面50厘米内枝蔓上的芽要及早抹去。否则结果后易拖地,易感染和传播病害,并影响通风透光。架面上一个芽眼发出2个以上新梢的,要选一个长势较好、有花序的留下,其余抹去。主蔓及枝组上过密的芽也要及早抹去。

2.定枝 在新枝长到15~20厘米时进行定枝,此时已能看出花序的有无及大小,是在抹芽基础上最后调整留枝密度的一项重要工作。留枝标准:棚架1米²架面依品种生长势留枝10~20个。生长势强的品种(如无核白鸡心等)1米²架面留枝10~12个(最多15个);生长势中庸的绝大多数品种1米²架面留枝12~15个;生长势弱的品种(如京秀等)1米²架面留枝15~20个。北方生长期短,可取上限;南方生长期长,可取下限。定枝时要留有10%~15%的余地,以防止后期新梢被风刮掉和人为损失。定枝这项工作要从架头向架根依次进行,先把延长枝留下。

生产上为了集中营养、提高坐果率和果实品质,保证合理的产量负担需要进行疏花序这项工作,特别是对花序较多、花序较大及落花落果严重的品种更要进行。疏花序一般在开花前 10～15 天进行。留花序标准：果穗重在 400～500 克以上的大穗品种，壮枝留 1～2 个花序，中庸枝留 1 个花序，细弱枝不留花序；小穗品种（穗重在 250 克左右）壮枝留 2 个花序，中庸枝以留 1 个花序为主，个别空间较大的枝可留 2 穗，细弱枝不留花序。

3. **掐穗尖和疏副穗**　掐穗尖和疏副穗可与疏花序同时进行。对花序较大和较长的品种，要掐去花序全长的 1/5 到 1/4，过长的分枝也要将尖端掐去一部分。对果穗较大、副穗明显的品种，应将过大的副穗剪去，并将穗轴基部的 1～2 个分枝剪去。通过掐穗尖和疏副穗可将分化不良的穗尖和副穗去掉，可集中营养，提高坐果率，使果穗紧凑，果粒大小整齐，穗形较整齐一致。

4. **除卷须**　卷须不仅浪费营养和水分，而且还能卷坏叶片和果穗，使新梢缠在一起，给以后绑梢、采果、冬剪和下架等多项作业带来麻烦。因此，夏剪时要及时把卷须剪除。

5. **新梢摘心**　新梢摘心的目的是控制新梢旺长，使养分集中在留下的花序和枝条上，提高坐果率，减少落花落果，促进花芽分化和新梢成熟。新梢摘心的方法如下：

（1）结果枝摘心　在开花前 3～5 天至初花期进行，一般留 8～10 片叶，并且留下的叶片要达到正常叶片大小的 1/3 以上。因为只有这样的叶其光合作用制造的碳水化合物才能满足本身继续生长的需求，并有多余的营养向外输出。

（2）营养枝摘心　与结果枝摘心同时进行或较结果枝摘心稍迟，一般留 8～12 片叶。强枝长留，弱枝短留；空处长留，密处短留。

（3）主蔓延长梢摘心　可根据当年预计冬剪的剪留长度和生长期长短确定摘心时间。北方地区生长期较短，应在 8 月中旬以前摘心；南方生长期较长，可在 9 月上中旬摘心。延长梢一般不留果穗，以保证其健壮生长和充分成熟。

6. **副梢处理**　随着新梢的延长生长及摘心刺激后，新梢叶腋内夏芽会萌发出副梢。为了减少无效营养消耗，防止架面枝叶过密，保证通风透光良好及浆果品质，在生长季要对副梢及时地进行适当处理。副梢处理方法有 3 种：

（1）顶端 1～2 个副梢留 3～4 片叶反复摘心，其余副梢留 1～2 片叶反复摘心　这种方法适于幼树和生长强旺树。因为幼树这样处理后，副梢叶片多，能促进根系生长及主蔓加粗；强旺树处理后通过多留副梢可分散营养，均衡树势，防止徒长。

（2）果穗以下副梢从基部抹除，果穗以上副梢留 1～2 片叶反复摘心，最顶端 1～2 副梢留 2～4 片叶反复摘心　这种方法适用于初结果树。多留副梢叶片能保证早期丰产，促进树冠扩大和结果枝加粗，有利于培养枝组。

（3）最顶端 1～2 个副梢留 4～6 片叶摘心，其余从基部抹除，以后发出的二、三次副梢也只留顶端 1～2 个副梢，各留 2～3 片叶反复摘心　这种方法适于篱架和棚架栽培的成龄（盛果期）葡萄树。因少留叶可减少叶幕层厚度，让架面能透进微光，使架下叶片和果穗都能见光，可减少黄叶出现，促进果实着色和成熟。在整形期间，主蔓延长梢一般也采用这种方法。

7. **绑梢**　在夏剪的同时，要将一些下垂枝、过密枝疏散开，绑到铁线上，以改善光照通风条件,提高品质,保证各项作业(打药、夏剪、除草等)的顺利进行。

8.剪梢、摘叶 在7月中下旬至9月进行,特别是在果实着色前进行。把过长的新梢和副梢剪去一部分,把过密的叶片(特别是老叶和黄叶)摘掉,以改善通风透光条件,减少养分消耗,促进果实着色。剪梢、摘叶以架下有筛眼状光影为标准,不能过重。

第七节 葡萄避雨栽培

一、避雨栽培的优点

(一)扩大了品种选择范围

避雨栽培常被用在我国南部地区,因为这些地区降雨量较大,葡萄病害发生严重,在不避雨的情况下,这些地区只有选用巨峰系等抗病性强的品种才能获得较好的收益,一些品质好、综合性状优的欧亚种的栽培受到限制。采取避雨栽培后,品种选择范围扩大,即使是具有裂果倾向的一些优良品种,在避雨栽培条件下,由于水分供应受到一定限制,其裂果性状也会得到大幅改善。近年来,我国中部地区也在大力倡导避雨栽培,使品种选择不再受到当地气候条件的限制。

(二)减轻或避免病害发生

多数葡萄病害(如霜霉病、炭疽病、白腐病、黑痘病等)的发生都是在有雨水参与下进行危害,离开了雨水,其病菌孢子均不能萌发侵染叶片及果实。避雨栽培后,棚膜阻挡了雨水与葡萄枝、叶、果的直接接触。葡萄病害的病菌侵染都有一个较为集中的时期,如果棚膜能在这些病害的病原菌侵染期来临之前覆盖,病菌孢子在无水分参与的条件下不能萌发侵染,可避免多数病害的发生(图

图5-28 避雨棚内外霜霉病发生与否对比

5-28)。在我国中部及南部地区,如能在葡萄开花前15天左右及时覆盖棚膜,上述几种主要病害的发生基本可以避免,但避雨栽培后,白粉病、灰霉病、介壳虫等病虫害的发生会加重,应引起重视。

(三)提高果实品质

采取避雨栽培后,果实各种病害减轻,配合果穗套袋,果穗光洁度可大大提高。由于雨水对地面的影响受到一定限制,相对干燥的土壤条件利于成熟期果实含糖量的提高,尤其是在行间排水设施较为完善时,这种增加作用更为显著。

(四)促进葡萄花芽分化

从一定程度上来说,棚膜阻碍了雨水对地面的直接接触,干燥的土壤条件下,土壤表面昼夜温差较大,水分供应也受到适当控制,降低了植株徒长的机会,有利于葡萄花芽分化,提高产量。

(五)提高经济效益

葡萄园采用避雨栽培后,病害防治每年药剂使用次数仅2~4次,比不避雨条件下减少8次以上,不仅节约了药剂及人工成本,而且降低了农药对果品的污染。由于避雨栽培降低了多种传染性病害及生理病害的发生,提高了果实质量,减少了因病害造成的损失,果品的销售价格也得到提高,经济效益会得到明显提高。

避雨栽培后,农药的使用次数大大减少,如果能在果实第二次生理落果后(即落花后7天左右)及时套袋,果实基本避免了与农药的接触机会,生产出的果品属绿色食品,对提高消费者健康水平也有很大促进作用。

二、避雨设施的基本构造

(一)避雨栽培适宜的架式

避雨棚的搭建通常是一行葡萄一个避雨棚,葡萄植株体被限制在棚下一定区域内生长,要求葡萄有一定的架式结构相配套。为防止雨天棚间露天部位雨水对葡萄树体下部的影响,减轻病害的发生,通常需要采取具有一定干高的架式。"V"形架因其具有一定的干高、合理的结构,常被作为简易避雨栽培条件下的理想架式(图5-29、图5-30)。

图5-29 避雨栽培条件下的单干双臂整形

图5－30　避雨加促成栽培四主蔓水平整形

（二）行距的确立

在葡萄生产中，人工成本所占的费用比例越来越大。因此，在进行行距确定时，一般行距要宽一些，以便于机械化作业，尽可能减少用工量。避雨栽培条件下，如采取"V"形架时，在干高为0.8～1.2米时，行距一般为2.8～3.0米。当提高干高时，行距也可适当加大。行距太窄不利于田间机械化操作，太宽则浪费空间。行距的具体宽度也可依照品种的生长势而定，一般生长势旺盛的品种，新梢与两立柱间所形成的平面的夹角应适当加大，新梢相对平缓地生长利于花芽分化，当新梢变得更接近水平时，行距可适当大一点；节间长的品种（如里扎马特）行距可适当宽一些；生长势弱、容易结果的品种，行距可适当小一点。

（三）避雨栽培的基本架式结构

简易避雨棚的基本构造首先要确定棚膜间隔距离，一般为40～80厘米，太窄了不利于盖膜和揭膜，不利于通风以降低膜下温度。间隔距离太长时，浪费空间、降低避雨效果。生产上主要采用三横梁结构或三角形结构两种方式（图5－31、图5－32）。

在进行三横梁建造时，首先确定最上面的一个横梁高度，一般要高于种植者身高，一般推荐高度为1.8米以上，这样便于田间操作，在面积较大时，为便于通风以降低田间温度，应适当增加高度。最下方的一道横梁距离下面干高左右那道钢丝应根据管理目标而定。在第一次摘心偏早时（如8片叶左右摘心），最下方的那道钢丝距离2主蔓（或4主蔓）的距离一般在40厘米左右，其依据为8片叶节间总长在40厘

米

米以上,这样便于绑缚。节间较长的品种(如里扎马特),也可适当增加。在最下面两个横梁上,距离每横梁端点 5 厘米左右处分别钻一小孔,以便钢丝穿入。

图 5 – 31　避雨栽培三横梁结构　　　　图 5 – 32　避雨栽培三角形结构

采取钢架结构时,目前一般多采用三角形结构,这样便于钢管间的焊接。依照这一设计,采取"V"形架单干双臂整形时,干高则为斜杆下端焊接处。当行距在 2.8 ~ 3.0 米时,干高一般控制在 0.8 ~ 1.2 米,因品种、肥水条件等而定。干高处的钢丝孔到斜杆上端一般应为 1.2 ~ 1.4 米的距离,这一长度相当于 15 ~ 18 片叶时枝条的长度,因品种而异,这是避雨栽培条件下斜杆长度的理论依据。为此,干高处的钢丝到横梁的直线距离、棚膜边缘距立杆的垂直距离应保持在一个合适的距离,一般均在 0.9 ~ 1.0 米。这样的空间基本可以满足当年新梢生长的需要。

立杆高出横梁的那部分称为拱高,是搭建避雨棚的支柱。拱高的设计要综合考虑,拱高过高时,棚内温度高于棚外(尤其是棚内上部温度过高),对葡萄新梢上端生长会带来一定影响。拱高过低时,影响外观效果。从生产实践来看,在棚膜左右跨度 2.2 米左右时,拱高以 0.3 ~ 0.5 米较为合理。

在钢架结构设计时,除考虑上述因素外,还要考虑到田间作业的方便性,包括机械作业和人工作业。就机械作业来讲,应该考虑到斜杆高度及位置不能影响到机械正常的作业。就人工作业来讲,斜杆相对直立一些更利于人员田间进行整枝、绑蔓等的操作。根据实际情况,尽可能要综合考虑。

斜杆上要钻孔,以便固定钢丝,一般钻孔 2 个,2 个小孔把斜杆分为三部分。三部分的长度应根据不同品种、不同整枝方式而定。斜杆长以 1.4 米为例,一般来说,下段长一般不超过 40 厘米,中段长 55 厘米左右,上段长 45 厘米左右,上段长度应略短于中段。如果下段过长,当将来摘心过早时(如 8 片叶左右摘心),对于节间较短的品种,或者因为前期干旱新梢节间变短时,那时新梢长度有可能尚不能达到斜杆上第一道钢丝,而影响绑蔓。当蔓被固定在第一道钢丝以后,由于新梢较硬,中段距离可适当长一些,以避免上段过长而影响外观效果,也可避免新梢将来生长过长时上段新梢的下垂。

斜杆的长度因不同的栽培地区、不同品种、不同的栽培目标而调整。斜杆上每段的长度也应根据斜杆长度和对新梢不同的整枝方式而调整,南方与北方,南方多雨地区与西北少雨地区也应有所区别。

斜杆上的两个钢丝孔是穿钢丝用的,每侧斜杆的两条钢丝均是固定新梢用的,当新梢生长超过钢丝时进行绑缚,新梢沿着斜杆形成的平面方向生长。为达到避雨效果,棚膜覆盖的宽度应宽于新梢分布的宽度。因此,在搭建避雨棚时,横梁上固定棚膜边缘的钢丝应在斜杆上端与横梁接触处的外面,以 10~20 厘米为宜(图 5-33)。

图 5-33　固定棚膜钢丝孔的位置

拱形物目前生产上多采用竹片、粗钢丝等材料,其作用是支撑和固定棚膜。拱形物密度一般为 0.8~1.0 米 1 个。3 个接触点均要固定,为提高固定效果,两端固定时,可进行钻孔(图 5-34)。

图 5-34　拱形物的搭建

三、覆膜与揭膜

1. 覆膜

（1）棚膜选择　棚膜的种类有很多，避雨栽培的棚膜选用聚乙烯流滴耐老化棚膜（PE）及三层复合高透光长寿无滴增温膜（EVA）较好，普通的聚乙烯有滴膜不耐用，在使用过程中常出现烂膜而中途更换的现象，不宜使用。

（2）覆膜时期　避雨栽培的主要目的是降低葡萄病害的发生。一年中葡萄园病害防治最关键的喷药时期是在葡萄开花前后的一段时间内，此时是防治白腐病、炭疽病、穗轴褐枯病等病害的关键时期。因此，理想的盖棚也应在多数主要病害侵染期到来之前进行，推荐在葡萄开花前15天之前盖棚，盖棚时间越早防病效果越好。避免了雨水与葡萄植株体的直接接触，也就基本避免了大多数葡萄病害的发生。

（3）操作步骤　覆膜时期确定后，应选择无风天气覆膜。覆膜时，一般3人以上操作，即一人展开，保证薄膜中间部位对准脊梁，拉紧薄膜。另二人分别站在避雨棚的左右两边，拉紧并保证棚面平展，拉紧后用竹木夹子夹住棚面边缘固定于拉丝上，竹木夹子间隔距离一般30厘米左右。夹子一般采用竹木的较好，价格便宜、寿命较长、耐用、效果好。棚膜两边固定后应及时覆盖压膜线，压膜线一般以相邻两竹片间对角斜向，以防止风吹揭膜。棚面覆盖后，应经常检查棚膜松动情况、竹夹弹出情况、棚膜破损情况等，发现存在问题时应及时修补（图5-35、图5-36、图5-37）。

图5-35　压膜线的捆绑

图5-36　棚膜边缘的固定方法

图5-37　避雨棚侧面效果图

　　避雨棚的两头要将棚膜拉至棚外距地1米左右的高度后固定,以避免雨水对定植行两端葡萄树造成影响。当面积较大时,为降低田间温度,避雨棚两端棚膜固定位置可适当上移,以便于棚膜以下位置通风。

　　2.揭膜　揭膜期一般选择在葡萄果实采收后,选择无风天气的早或晚揭膜。如晚熟品种揭膜期过晚,由于棚内温度偏高,会降低枝条的充实程度及植株的抗寒性,影响越冬效果。但早熟品种采收后,正值雨水季节,可适当推迟揭膜时间,以保护叶片、降低病害的发生。

四、避雨栽培条件下的特殊管理

（一）套袋技术

　　避雨栽培配合果穗套袋是生产优质果品的一项重要措施。避雨栽培下的葡萄果穗套袋,主要是为了提高果实外观质量、减少农药对果面的污染、防治鸟害等。在套袋方法得当的情况下,还可以有效地防治果实日灼病。在避雨栽培条件下,在葡萄开花前的一定时期内盖棚,早盖比晚盖防病效果好。套袋时期仍以果实快速膨大期为宜,通常以落花后 3 周左右为宜,这时穗轴也较为坚硬。但套袋方法要求不像露地栽培那样严格,因为不担心雨水浸入袋内而感染病害。套袋时,使用简易铁丝夹子夹住果袋上口即可,由于操作简便,可大幅度提高套袋速度。为减少果实日灼病的发生,上口可保持部分开口,以便于袋内热气上升以降低袋内温度,减少果实日灼病的发生。在夏季晴朗无风的天气里,采用热电偶法对葡萄果穗套白色果袋后的袋内上、中、下部气温进行了测定,在果袋全部暴露在太阳光下时,果袋内上部的气温明显高于中部,而果袋中部的气温明显高于下部,而果袋下部的气温也明显高于外界气温。说明果袋内的高温主要表现在上部,这是热空气上升造成的。因此,避雨栽培下葡萄套袋时,果袋要在上部适当开口,以保证较热的空气能上升放出,空气从果袋的上下开口形成对流时,袋内气温就不会太高,日灼病将会大大降低。避雨栽培时,棚下小环境造成棚下气温偏高、棚间风速较低,这些条件都促使葡萄果实日灼病的发生,在果实快速膨大期应引起重视。田间试验表明,在避雨栽培条件下,棚膜空间内的气温高于下部气温,且越靠近棚顶时温度越高,这样的特殊环境造成上部叶片光合效率降低,而秋季外界温度较低时,上部叶片还能维持较好的生长状态。

避雨栽培时的套袋可选用无纺布果袋,连续几年试验表明,无纺布果袋因其具有良好的透气性能对果实外观及内在品质有一定提高作用,质地较薄的无纺布效果更好,在高档水果的生产中可适当试验使用。

果穗套袋前,对果穗要使用药剂沾穗处理,为提高防治效果,通常采用"灰霉病的特效药剂 + 广谱型治疗剂 + 广谱型保护剂"。

(二)病虫害防治

在避雨栽培条件下,雨水传播的病害发生概率会大幅度降低甚至不发生,特有的生态环境会造成个别葡萄病虫害有加重趋势,灰霉病、白粉病、介壳虫等是避雨栽培条件下特有的主要病虫害,生产防治上应引起特别重视。灰霉病是避雨栽培条件下的主要病害之一,多发生在果实成熟期,套袋后更会加重灰霉病的发生,在果粒着生紧密、有裂果现象时灰霉病发生更为严重。防治灰霉病的特效药剂有阿米西达、凯润等,预防效果较好的药剂有保倍、保倍福美双等;防治白粉病的特效药剂有苯醚甲环唑、三唑酮等,效果较好的药剂有硫悬浮剂、石硫合剂、多硫化钡等,预防效果较好的药剂有保倍、保倍福美双等;对介壳虫效果较好的药剂有毒死蜱、吡虫啉、啶虫脒等。病害防治时,每次喷药应注意治疗剂与预防剂混合使用。葡萄落花后 1~3 周的时间是防治上述病虫害的关键期,套袋前的果穗沾药处理也是非常重要的一环,要根据上年棚下病害发生情况结合当年气候条件进行判断,灵活运用技术进行有效的防治。

避雨栽培时,葡萄发芽前的果园药剂防治一般以石硫合剂或其他硫制剂为主。

(三)水分管理

在避雨栽培条件下,棚膜阻止了雨水与植株根系附近大部分地面的直接接触,造成土壤相对干燥,这种干燥的土壤条件是生产优质果品、促进花芽良好分化的有利条件,但是如果过分干燥将会影响葡萄产量的提高和生长发育。避雨对有计划地进行葡萄园水分管理、促进优质化标准化生产提供了有利条件。如果能根据葡萄不同发育期的需求,结合不同的生产目标,有计划地进行水分供应,达到水分的合理调控,对葡萄生产将具有十分重要的意义。要达到这一目标,首先要限制雨水对葡萄的影响,即在葡萄不需要水的时候,不能因为降雨给果园增加水分供应,更应避免降雨量大时对果园造成大的负面影响。因此,要建立良好的排水系统,保证降雨后雨水从果园能被及时排出。雨水通过棚面降落到葡萄行中间位置,在夏季雨水较多的地区,可在相对应的地面位置开挖小排水沟,为达到雨水的可控性,达到有计划的水分管理,也可于小排水沟内放置塑料薄膜,以阻挡水分向周围土壤渗透。果园四周也应建立相应的排水沟,以保证雨水及时排出。

果园采用地膜覆盖是保持土壤水分的有效手段。土壤水分一般通过毛细管的作用由土壤深处散发到地表,地膜覆盖后,地膜阻挡了水分的散失被留在地表,常见到地膜覆盖下的土壤表面湿润,这种水分含量适合葡萄生长发育的需要,春季覆盖白色地膜增加地温,炎热的夏季覆盖黑色地膜降低地温,均可改善土壤温度条件,促进葡萄生长发育。此外,要建立良好的灌水设施,保证在需要水分时能及时灌水。有条件的地方也可采取微喷灌、滴灌等方法。在没有覆盖地膜时,要大力提倡果园植草,可在行间种植苜蓿、苕子、三叶草等,地面植草不仅可连年增加土壤有机质含量,而且对改善土壤温度、水分条件、近地微环境有一定的促进作用。

(四)新梢管理

采取避雨栽培时,新梢生长的空间受限。以"V"形架单干双臂整形为例,新梢长度被限制在主蔓到棚膜之间,因此新梢生长不能过长,一般应限制在1.2米以内。要适时摘心,控制生长。如新梢生长空间较小时,也可以对副梢采取单叶绝后摘心的方法,以弥补新梢生长空间不足带来的影响。

第八节　设施葡萄栽培病虫害管理

一、设施葡萄主要病害

(一)侵染性病害

设施葡萄栽培易受到黑痘病、霜霉病、白粉病、白腐病、灰霉病等侵染性病害的危害。

1.葡萄黑痘病

(1)症状(图5-38)　葡萄黑痘病危害叶片、果穗、新梢等。叶片发病时,一般在叶脉两侧,斑点形状不规则,后期中心组织枯死。病斑沿着叶脉发展并形成空洞,多在幼嫩叶片产生症状。果粒发病时,呈现浅褐色小点而枯死,病斑随幼果生长而生长,病斑边缘褐色,中央部位为灰色。果粒只在幼果期表现症状,大果粒较为抗病、无症状。新梢感病时,呈现溃疡,稍隆起,后期龟裂。幼嫩的新梢容易感染而出现症状,严重时新梢枯死。

1   2   3

图 5 - 38 葡萄黑痘病危害症状

1. 黑痘病叶片症状　2. 黑痘病枝干症状　3. 黑痘病果穗症状

(2)发生规律　病菌在新梢和卷须上越冬,春季遇潮湿天气,24 小时以上时即会产生分生孢子,如降雨持续,孢子即可传播到幼嫩组织而引起初次侵染。侵染速度与气温有一定关系,在 12℃ 的条件下,7～10 个小时才能完成,而在 21℃ 左右时,侵染只需 3～4 个小时。病菌侵染与寄主建立寄生关系后有一定的潜伏期,潜伏期的长短与温度有关,12℃ 时要 7 天左右,21℃ 时有 3 天左右的潜伏期。潜伏期过后即开始表现出症状,幼嫩组织最易感病,较为硬化的叶片和新梢不发病。在植株生长的中后期,该病只限于在副梢的幼嫩叶片及二次果实上发病,正常的大果粒、大叶片不表现症状。

病菌靠雨水传播,湿度是主要影响因素,而高温、高湿更是利于大发生。

(3)防治措施　清除田间枯枝落叶,尤其是带菌残体要集中烧毁或深埋,减少越冬病原。合理施肥,增施有机肥、磷钾肥,控制氮肥的过量使用,以提高植株本身的抗病性。新梢密度要合理且均匀分布,及时清除副梢,改善田间通风透光条件。在果实采收后,应重视副梢去除工作,并限制新梢的进一步生长,促进枝条老化,不仅可以显著减少该病发生,而且利于花芽分化,提高下年产量。地面采取地膜覆盖,降低田间湿度也是防治的有效措施。

药剂防治仍是主要防治手段,重点做好发芽前及生长期的药剂防治。发芽前喷洒 3～5 波美度的石硫合剂或较高浓度的多菌灵等其他杀菌剂,对该病有较好的预防作用,可有效抑制病菌的初侵染,减轻病害初发生程度。

葡萄开花前及落花后的一段时期内是防治黑痘病的关键时期,要及时喷药防治。常用的保护剂有 1∶0.7∶240 的波尔多液,80% 大生 M45 喷 600 倍液,80% 代森锰锌600 倍液,50% 保倍福美双 1 500 倍液。铜制剂是该病防治的关键药剂。优秀的治疗剂有 20% 苯醚甲环唑 3 000 倍液,40% 氟硅唑 8 000 倍液,50% 多菌灵 600 倍液等。

2. 葡萄灰霉病　灰霉病是葡萄的重要病害之一,在设施栽培、套袋栽培条件下尤其严重,常造成生产上的重大损失。

(1)症状(图 5-39)　灰霉病主要在开花期、成熟期和储藏期发生严重,在雨水较多的地区,春季也危害葡萄的幼芽、幼叶和新梢。

在葡萄开花前夕,病菌可以侵染花序,造成腐烂而后脱落。开花后期,病菌侵染花帽、雌蕊等。从这些被侵染的组织开始,侵染果梗和穗轴。果梗和穗轴被侵染后,形成褐色病斑。在气候干燥时,病斑的发展导致果穗萎蔫或脱落。在潮湿气候条件下,可产生霉层,造成果穗腐烂变质。当果实进入成熟期后,病菌通过伤口或表皮进入果实组织内。在果粒拥挤的情况下,常常发生严重,相互蔓延甚至发展到整个果穗。在气候潮湿的情况下,果粒常会破裂,在果实表面形成霉层。幼芽和新梢受害后,成褐色病斑。叶片侵染后,形成较大的不规则病斑。

1　　　　　　　　　　　　　　　　　　　　2

图 5-39　葡萄灰霉病危害症状
1. 灰霉病叶片症状　2. 灰霉病果穗症状

(2)发生规律　病菌秋季在枝蔓或僵果上形成菌核越冬,也可以菌丝体在树皮和冬芽上越冬。春天产生分生孢子,成为花前侵染叶片和花序的病原。分生孢子借助雨水进行传播,以花粉及叶片的渗出液刺激孢子萌发。湿度低于 90% 时,孢子一般不萌发。在条件适宜时,一般 15 个小时左右完成侵染过程。在有伤口的情况下,非常有利于病菌的侵染。在花期的后期,在气候条件适宜时,病菌还可以通过柱头或花柱侵入子房,潜隐在组织中,直到果实成熟期才开始表现出症状。

(3)防治措施　生产上要防止出现各种伤口,如各种原因产生的果实开裂现象。在设施栽培条件下,要加强防治。在套袋栽培条件下,果穗套袋前进行蘸穗处理。

常用的保护剂有 80% 福美双 1 000 倍液,50% 保倍福美双 1 500 倍液,70% 甲基硫菌灵 800 倍液等,在开花前及花期进行喷洒预防。

常用的治疗剂有 50% 多菌灵 500 倍,22.2% 抑霉唑 1 000 倍,70% 甲基硫菌灵 800 倍,10% 多抗霉素 600 倍液,40% 嘧霉胺 800 倍液等。当出现危害症状时,治疗剂与保护剂要混合使用,使用时治疗剂与预防剂应混合使用。灰霉病防治的关键时期有开花前夕、落花后、果实开始成熟时等。采取套袋栽培时,一般花前、落花后、套袋前三个时期药剂沾穗是防治的关键点,可与炭疽病、黑痘病、白腐病、白粉病的防治同时进行,使用"广谱型治疗剂+广谱型保护剂"。套袋前果穗药剂沾穗处理,常用药剂"广谱型治疗剂+广谱型保护剂+防治灰霉病特效药剂"三剂一起使用,效果良好。

3. 葡萄霜霉病 葡萄霜霉病是我国葡萄产区主要病害之一,几乎在各葡萄产区均有发生,尤其在降雨量较大的地区更为严重。早期发病可造成新梢、花序枯死;中、后期发病可引起早期落叶,轻者影响到当年树体养分积累,降低来年果实产量和品质。当落叶较早且发生严重时,会引起新梢二次发芽,以消耗大量养分,造成枝条发育不充实,使枝条冬季易发生冻害,导致枝条枯死,甚至引起树体死亡。

(1)症状(图5-40) 病菌主要侵染植株体绿色组织,尤其是对叶片侵染较多。病部油浸状,淡黄色至红褐色,限于叶脉。发病4~5天后,叶片背面形成白色的似霜物。病叶是果粒的主要侵染来源,严重感染的病叶会造成叶片提前脱落。如果生长初期侵染,叶柄、卷须、花序和果穗也同样出现症状,最后变褐,干枯脱落。

1   2   3

图5-40 葡萄霜霉病症状危害

1. 霜霉病叶片正面症状   2. 霜霉病叶片背面症状   3. 霜霉病果实症状

幼嫩的果粒高度感病,感染后果实变灰色,表面布满霜霉。果粒生长到直径2厘米以上时,一般不形成病菌孢子,即没有霜霉状物的形成。

(2)发病规律 葡萄霜霉病是由葡萄单轴霉属真菌引起的,属于专性寄生菌。病原菌在被寄生的葡萄组织细胞间繁殖。霜霉病菌在气温30℃以上时,菌丝生长开始受到抑制。当气温在23℃左右、湿度在95%以上时,霜霉病发病严重。孢子囊是起传染作用的器官,黑暗环境有利于孢子囊的形成。

病菌主要以卵孢子在落叶中越冬,可随腐烂落叶在土中存活2年。在南方温暖地区,菌丝体也可以附着在芽上或挂在树上的叶片上越冬。当春天气温达到11℃以上时,卵孢子在水中萌发,产生孢子囊,经过雨水的溅射,产生第一次扩散的游动孢子。

孢囊梗和孢子囊只通过病组织的气孔产生,产生过程需要95%以上的相对湿度和4个小时以上的黑暗环境。孢子囊随风飘散到新叶上,在游离水中萌发(最适温度23℃左右),并释放出游动孢子。游动孢子游到气孔附近时停止活动,形成孢子囊,并长出芽管从气孔进入寄主体内。在条件适宜时,病菌从萌发到侵入寄主,需90分左右。

孢子囊通常在黑暗的夜晚产生,一般在早晨侵染。在白天,孢子囊暴露在光照下数个小时即会失去活力。从病菌开始侵染到出现症状需4天左右,因温度、湿度、品种等的不同表现出一定的差异。高湿是该病大发生的有利条件。在避雨栽培条件下,由于棚膜阻挡了叶片对雨水的接触,几乎不会产生霜霉病。河南省及周边地区,在7月如遇较长时间的降雨天气后,霜霉病常开始大发生,8~9月进入发病盛期。霜霉病大多先危害新梢上部幼嫩叶片。而叶片背面茸毛长而密的品种由于可有效地阻止水分通过气孔进入叶片内部,一般发病较轻。

(3)防治措施 改善田间通风条件、降低田间湿度、提高植株抗病性是防治霜霉病的根本措施。

药剂防治仍是目前最重要的防治手段。在药剂防治时,掌握好恰当的喷药时期、选用高效杀菌剂、注意喷药质量是防治霜霉病应该注意的3个问题。目前防治霜霉病优秀的保护剂有1:0.7:(200~240)的波尔多液、80%代森锰锌600~800倍液、50%保倍福美双1 500倍液、50%保倍3 000倍液、30%氧氯化铜800~1 000倍液等,在葡萄霜霉病发生以前喷洒植株,可有效地防治霜霉病的发生。当产生霜霉病症状时,要使用治疗剂进行防治,目前,防治霜霉病优秀的治疗剂有烯酰吗啉类(如金科克)、酰胺类(如甲霜灵)和乙磷铝(疫霜灵)等,而金科克和甲霜灵均为特效治疗剂。目前常使用的治疗剂有50%金科克3 000倍液、25%甲霜灵2 000倍液、80%乙磷铝600倍液等。当症状产生时,通常选用治疗剂与保护剂混合使用,既可起到治疗作用,又可以起到保护作用。在葡萄霜霉病发生异常严重时,为及时有效地控制,常常第二次喷药后的3~5天内及时补充喷洒一次。上述3种类型霜霉病的治疗剂如果连续使用2次以上均会产生抗药性,要注意交替使用。

由于病菌是从气孔进入的,而气孔主要分布在叶片背面,所以在喷药防治时,要把药液喷洒到叶片背面。喷雾时,要保证喷到每片叶片,尤其是新梢上部幼嫩叶片。为提高防治效果,雾滴也要尽可能细,以利于药液在叶片上充分展着。

4.葡萄白腐病 葡萄白腐病是我国各葡萄产区主要病害之一。主要危害果粒、穗轴,也危害叶片。葡萄感染该病后,穗轴腐烂、果粒脱落。

(1)症状(图5-41) 葡萄白腐病主要危害果穗、新梢和叶片。果穗先发病,穗轴出现浅褐色病斑,像水烫状,有酒糟味道。病斑逐渐扩大到果粒。发病果粒呈现水浸状,浅褐色,很快扩展至整个果粒,并且出现灰色小点,即分生孢子器。发病果粒容易脱落,这是该病最大的特点。病果逐渐干缩成僵果。当湿度较大时,发病果粒上长出灰黑色的分生孢子块。

图5-41　葡萄白腐病危害症状（周增强　摄）

1.白腐病的枝干症状　2.白腐病的叶片症状　3.白腐病果穗初始症状　4.白腐病果穗后期症状

白腐病在叶片上的症状出现在果穗发病后,有同心轮纹。病斑较大,组织枯死,容易破裂。病菌多在叶脉两侧形成分生孢子器。枝蔓上的症状一般发生在有破损的部位,如新梢与钢丝摩擦部位,或者摘心部位。病菌分解纤维能力较强,后期病斑处表皮组织和木质部分离,呈现乱麻丝状。

（2）发生规律　葡萄白腐病病原菌的生活史具有两个明显的阶段,即短期的寄生阶段和长期的土壤内的休眠阶段。发病与夏季降雨有关,尤其与大雨及暴雨有密切关系。当雨水较大时,雨滴将土壤颗粒飞溅到果穗上,此时如果果穗上有伤口将会造成侵染,因为土粒中含有病菌。葡萄白腐病的分生孢子在有伤口的果粒汁液中,经数个小时即可萌发。夏季大雨后的持续高温、高湿是该病流行的最为适宜的条件。

在河南及中北部其他地区,7~8月是该病发生的高峰期。发生的严重程度与降水有密切关系,当雨水较大时,该病发生较为严重。每次大雨后的一周左右出现一次发病高峰。从分生孢子萌发到病斑出现一般经过3~4天时间,离地面较近的果穗发生最为严重,上部果穗发病较轻。

（3）防治措施　葡萄白腐病的初次侵染来源于土壤,提高结果部位是防治该病的有效手段。地面采取地膜覆盖,将带菌土壤与果穗隔离开,也是防治的重要技术。

福美双对该病防治有显著效果,常采用50%福美双500倍液防治。此外,还可采取以下保护剂预防:42%代森锰锌600倍,80%福美锌800倍,80%代森锌600倍,50%保倍福美双1 500倍等。优秀的治疗剂有:20%苯醚甲环唑水分散粒剂3 000倍,40%氟硅唑8 000倍,50%多菌灵600倍等。

葡萄开花前后是白腐病防治的关键时期,而离地面较近的下部果穗应是喷药防治的重点。

5. 葡萄炭疽病 炭疽病是我国葡萄产区的主要病害之一,多在葡萄成熟时表现出症状,病害造成的损失因地区、品种而有所差异,以高温多雨地区发生较为严重,高糖品种发生严重。

(1)症状(图5-42) 葡萄炭疽病发生在果粒、穗轴、叶片、卷须和新梢等部位,主要危害果实。果实发病时,常表现为幼果表面呈现黑色、圆形、蝇屎状病斑。由于幼果期酸性较高,病斑在幼果期一般扩展缓慢,往往只限于表皮。当果实进入成熟期(红色品种进入着色期)时,此时果粒含糖量增加,病斑扩展速度较快。果实症状产生时,最初出现圆形、稍凹陷的浅褐色病斑,严重时甚至发展为半个果面,此时病斑表面产生密集的小黑点。当天气潮湿时,即排出绯红色孢子块。随着病害的发展,病果逐渐干枯,最后变成僵果,有的整穗僵果均挂在树上。

1   2

3

图5-42 葡萄炭疽病危害症状

1.炭疽病在果粒上的初始症状 2.果粒发病后期症状 3.炭疽病在叶片上的症状

（2）发生规律　病原菌为围小丛壳菌，有性阶段不常见，常见的是无性阶段，称为果生盘长孢菌。菌丝在 20～36℃ 条件下均可生长，最适温度为 28℃，当气温在 9℃ 以下和 40℃ 以上时，几乎停止生长。

病菌主要以菌丝在结果母枝、穗轴、卷须与附着在树上的僵果等部位越冬。病菌常潜伏在靠近节的部位。带有病菌的枝条经过雨水淋湿后形成大量孢子，病菌形成孢子的最适温度为 25～28℃，12℃ 以下的低温和 36℃ 以上的高温很少形成孢子。枝条上的病菌在 25℃ 经过 9 小时开始形成孢子，36 个小时左右后迅速增加。孢子常常借助于雨水由上到下分散开，落在新梢等其他器官上进行侵染。病菌侵染幼果后，孢子在果面上萌发，10 天后进入表皮细胞，然后菌丝停止生长，潜伏在果实表皮细胞。幼果期，含糖量一般在 2% 以下，pH 在 2.5 以下，此时不利于菌丝生长，所以此时一般不表现症状或者是症状不明显。当葡萄果实进入成熟期后，含糖量迅速增加，pH 值达到 2.8 以上时，病菌即迅速生长，病斑迅速扩大。病菌侵染 4～6 天后，果实即可表现出炭疽病症状。当病果果汁溢出时，病菌借助昆虫传播。

在河南省，越冬病菌从 6 月中旬到 7 月中旬形成大量孢子侵染果穗。发生时期与严重程度与降雨有密切关系，此时雨水较早时，病害发生也较早。降雨量较大且持续时间较长时，发生严重。一般来说，7～8 月是发生的盛期。当病菌孢子附着在果面上，此时如遇 12 个小时以上的 95% 以上的空气相对湿度时，孢子几乎会全部侵染果实，而后产生症状。

葡萄炭疽病多在葡萄植株下层果穗先发病，逐渐向上部发展，这可能与地面湿度较大有关。任何造成田间湿度较大的条件均有利于该病害发生，如降水较多、植株较为郁闭、通风透光较差、果穗离地面较近等。

（3）防治措施　清除田间病原物、果穗及早套袋，改善通风透光条件，创造不利于该病发生的条件，是炭疽病防治的根本措施。因此，种植时要适当提高行距，改善通风透光环境。要加强夏季新梢管理，新梢密度要合理且能均匀分布于架面上，及时做好摘心、去除副梢等工作。

药剂防治仍是重要的防治手段。在葡萄开花前夕、落花以后的一段时间内，是防治炭疽病的关键时期。一般来说，要抓好开花前的 1 次药剂防治和落花后的 2 次药剂防治。常用的保护性药剂有 1:0.7:200 的波尔多液，80% 炭疽福美 500 倍液，65% 代森锌 500 倍液，42% 代森锰锌 600 倍液，50% 保倍福美双 1 500 倍液等。常用的治疗剂有 20% 苯醚甲环唑 3 000 倍液，10% 美胺水剂 600 倍液，97% 抑霉唑 4 000 倍液等。

6. 葡萄白粉病

（1）症状（图 5-43）　白粉病可以侵染叶片、果实、枝蔓等，以幼嫩组织最易感染。春季首先侵染的是幼嫩叶片，症状多在叶片正面表现，有白色的粉状物，严重时，叶片背面也会产生较少的粉状物。叶片发病时，表现为卷缩、枯萎，甚至脱落。新梢幼嫩小叶片受害时，会扭曲变形，基本上停止生长。果实发病时，果面产生白色粉状物，擦去粉状物后，会看见褐色的网状花纹（图 5-44）。

图 5 - 43　葡萄白粉病危害症状

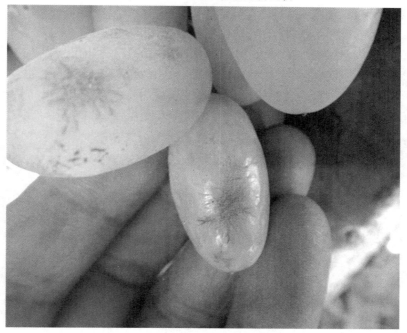

图 5 - 44　去除白粉后的果面症状

（2）发生规律　白粉病主要侵染叶片、果实、新梢等，幼嫩组织危害较为严重。叶片发病时，在正面产生灰白色的病斑，覆盖白色粉状物，严重时背面也有粉状物。

幼小叶片受害时,叶片扭曲变形,甚至停止生长。果实对白粉病较为敏感,含糖量较低时,易感染,当糖度升高到一定量时,对此有一定抗性,超过一定糖度时,果实不再受到感染。

小幼果受害时,果实生长受限,容易脱落;大幼果发病时,容易变硬、纵向开裂。成熟期发病时,糖分积累困难。该病主要以菌丝体在被害组织内或芽鳞间越冬,在南方温暖的条件下,菌丝体和分生孢子都可以越冬。第二年春季葡萄芽开始萌动时,菌丝体上产生的分生孢子借助风和昆虫传播到幼嫩组织上,条件合适时,分生孢子即可萌发侵染到幼嫩组织。在20~30℃时,病菌从侵入到产生分生孢子一般需要7天左右的时间,而在7~8℃时,大约需要1个月的时间。超过35℃的高温对分生孢子生长极为不利。雨水较多时,反而不利于分生孢子的生长发育,在设施栽培、套袋栽培条件下,一般白粉病发生加重。避雨栽培条件下白粉病发生也较严重,应引起重视。

(3)防治措施 防治白粉病要综合治理。葡萄临近发芽前夕,田间要喷洒1次3~5波美度的石硫合剂,也可以使用其他硫制剂喷洒。目前对白粉病有治疗作用的优秀杀菌剂有三唑类(苯醚甲环唑、三唑酮等)、硫制剂(如硫悬浮剂、石硫合剂、多硫化钡、硫水分散粒剂等)、美胺、戊唑醇、甲基硫菌灵、氟硅唑(福星、稳歼菌)等;有预防作用的优秀杀菌剂有保倍福美双、保倍等。葡萄开花前、落花后、套袋前是白粉病防治的关键时期,与炭疽病、灰霉病、白腐病、黑痘病的防治可同时进行,使用"广谱型治疗剂+广谱型保护剂"。

7.葡萄穗轴褐枯病

(1)症状(图5-45) 穗轴褐枯病主要危害葡萄幼嫩花序,也危害幼小果粒。花序发病时,主要危害花序小梗和花序轴,先在花序的分枝穗轴上产生褐色水浸状斑点,扩展后逐渐发展为深褐色、稍凹陷的病斑,当外界湿度较大时,可见褐色霉层及病菌的分生孢子和孢子梗。病斑扩展后,花序轴变褐坏死,后期干枯,其上着生的花蕾或花也随之萎缩、干枯、脱落。发生严重时,花蕾及花几乎全部落光。

1   2

图5-45 葡萄穗轴褐枯病危害症状

1.穗轴褐枯病花前症状 2.穗轴褐枯病幼果症状

小幼果受害时,形成黑褐色的圆形斑点,仅仅危害果皮,随着果实的不断增大,病斑脱落,对果实生长影响不大。当幼果稍大时,几乎停止被侵染。

(2)发生规律 病菌以分生孢子在枝蔓表皮或幼芽鳞片内越冬,第二年春幼芽萌动至开花期分生孢子侵入,形成病斑后,病斑处又产生分生孢子,形成再次侵染。

(3)防治措施 加强果园的通风透光,增施有机肥及磷钾肥,排涝降湿。

花序分离至开花前是穗轴褐枯病最为重要的防治时期,结合其他病害的防治。优秀的保护剂有80%福美双可湿性粉剂1 000倍液,80%代森锰锌可湿性粉剂800倍液,50%保倍福美双可湿性粉剂1 500倍液。

优秀的治疗剂有70%甲基硫菌灵可湿性粉剂800倍液,50%多菌灵可湿性粉剂500倍液,20%苯醚甲环唑水乳剂3 000倍液。

8.葡萄酸腐病 葡萄酸腐病是近年来新发现的一种果实病害,一些地方由于对其发生的原因及规律了解不清,缺乏有效的防治措施,常对生产造成很大的损失,甚至全园绝收,严重地威胁着葡萄的生产,而且有进一步加重的趋势,必须引起高度重视。

(1)症状(图5-46) 该病主要危害着色期的果实,而最早在葡萄的封穗以后开始危害。发生酸腐病的果粒症状之一表现为果粒腐烂,果粒严重发病后,果皮与果肉有明显的分离,果肉腐烂,果皮内有明显的汁液,到一定程度后,汁液常常外流;症状之二是病果粒有酸味,接近发病果粒,会闻到有醋酸的气味;症状之三是有粉红色小醋蝇成虫出现在病果周围,并时常能发现有小蛆出现(图5-47);症状之四是在位于果穗下方的果袋部位,常有因果肉内汁液流出后造成的深色污染。

图5-46 葡萄酸腐病危害症状　　图5-47 醋蝇幼虫出现在病果周围

(2)发生规律 该病是真菌、细菌、昆虫三方联合危害的结果。其中,酸腐病的病原真菌是酵母菌,它在自然界中普遍存在,酵母菌可以参与糖的转化,把糖转化成乙醇;酸腐病的病原细菌是醋菌,它可以把乙醇转化为醋酸;酸腐病的病原昆虫是醋蝇,它体积很小,成虫体长一般不超过0.5厘米,它在酸腐病的发生及危害中主要起酵母菌与醋酸菌的载体、传播作用。

伤口是造成葡萄酸腐病发生的基础,伤口主要包括裂果产生的伤口、白粉病等病害造成的果实伤口、各种机械损伤等。没有了这些伤口,酵母菌、醋酸菌就失去了生长繁殖的有利条件,就不能造成该病的大发生。

葡萄开始着色时是该病发生危害的开始,一般来说,在葡萄开始上色时,果粒含糖量升高,酸含量降低,利于酵母菌、醋酸菌的生长。一旦出现伤口,酵母菌就在裂口处将糖转化成乙醇,葡萄果粒伤口吸引醋蝇前去活动,乙醇遇到醋蝇身体上携带的醋酸菌,即被氧化成醋酸,产生酸味。产生的酸味更进一步地吸引更多的醋蝇前来取食,醋蝇在这样的环境下取食,在身体上同时沾染了酵母菌和醋酸菌。沾染酵母菌和醋酸菌的醋蝇飞到其他的裂果上时,同样发生以上的物质变化。如飞到健康的果粒上,在其上产卵,卵孵化出幼虫在果粒上面爬行,有时产生小伤口,重新危害。

因品种不同,该病的发生时期是有区别的。早熟品种果粒上色期时间较早,发病早,晚熟品种一般较晚。但是早熟品种的发病为晚熟品种提供了有利的传播条件。据报道,一头雌性醋蝇可产卵 700 粒左右,一周内即可完成一个生命周期,因此,繁殖能力是非常惊人的,醋蝇极强的生命力也是造成酸腐病大发生的有利因素。从整个葡萄的生长季节来说,酸腐病田间发生感染的速度是越来越快的。

阴天高湿是该病发生的有利条件,在晴朗的天气,在太阳光的直接照射下,真菌和细菌是很难存活的,阴雨天气时,田间少光照、湿度大,利于酵母菌的生长发育,利于该病的发生。葡萄植株生长旺盛、温室内过于郁闭,会造成果穗附近潮湿、少光的小气候,利于病菌的生长,从而有利于酸腐病的发生。

(3)防治措施   在防治上,首先要注意晚熟品种尽量不要与早熟品种混栽。早熟品种的发病会给晚熟品种提供病原扩展的机会,加速病原的繁殖,增加田间病原基数,从而逐步加重该病在晚熟品种上的发展。调查发现,单一种植晚熟品种的果园,酸腐病发生较轻;早熟与晚熟品种混栽的果园,酸腐病发生较重。里扎马特、巨峰是容易感染该病的品种,且成熟期早于晚红,晚红品种如与之混栽,该病发生就会更为严重;其次,要重视早熟品种酸腐病的防治。在已经混栽的葡萄园中,加强对早熟品种酸腐病的防治,把病原限制在一个较低的水平上;及时摘除受损果粒,若发现有损伤的果粒,包括病粒、虫粒、机械损伤的果粒要及时摘除,不给病原提供繁殖扩展的机会;要加强对白粉病、白腐病、炭疽病等病害的防治,这些病害产生的症状是造成病原增殖的原因之一。在葡萄发芽前喷洒硫制剂与铜制剂防治是全年防治这些病害的基础。加强栽培管理,减少裂果。糖醋液诱杀醋蝇成虫:可以制作一定数量的糖醋液诱杀成虫,分别挂于温室内多个地点,利用醋蝇对糖醋液的趋化性,对其进行早期诱杀;再次,进行药剂防治。酸腐病是酵母菌、醋酸菌、醋蝇三者联合作用的结果。因此,防治上要针对三者同时进行。酵母菌在自然界是普遍存在的,很难对它进行有效的防治;醋蝇繁殖速度惊人,条件适宜时,在较短的时间内就会产生大量的群体;醋酸菌在遇到有烂果的情况下,也会大量增殖。根据这一实际情况,防治的基本思路应坚持治早、治准、治狠的原则。

目前,对醋蝇的防治还应该以化学防治为主,生产上常用的农药要高效低度,如 10% 歼灭 3 000 倍液,80% 敌百虫 800 倍液,敌敌畏等。为提高农药的有效期,也可采用 40% 辛硫磷 1 000 倍液,注意杀虫剂要交替使用;防治醋酸菌、酵母菌可以采用 80% 必备 400 ~ 600 倍进行防治。喷药时期选择在葡萄的封穗期果粒开始上色时进行,成熟期不同的品种适宜的防治时期是不同的,成熟早的品种防治应早,成熟晚的品种防治时期应适当推迟。从封穗期开始,一般防治2~3次,一般性的防治可以喷洒80%必备600倍液+10%歼灭3 000倍液;遇到有明显的病害症状时,一般采用80%必备400倍液+10%歼灭2 000~3 000倍液对果穗进行重点处理。当醋蝇数量较多时,杀虫剂也可以考虑选用敌敌畏进行防治。

(二)非侵染性病害

非侵染性病害是在葡萄生长发育过程中遇到不良的生态环境因素而发生的病变,甚至死亡,这种病害不可传染,且一般为一次性。其发病原因主要为物理和化学两种因素,如温度(过冷或过热)、光照、干旱、水涝等物理因素,以及肥害、药害、盐害等化学因素。防治方法主要是增强树势,增强树体营养,控制好结果量,增强枝条长势;同时控制并调整好设施内的水、肥、气、热,减少非侵染性病害的发生。

1. 葡萄日灼病 葡萄日灼病是在我国各葡萄产区广泛发生的一种生理失调症。在露地栽培、保护地栽培、避雨栽培、套袋栽培等各种栽培方式下均有发生,尤以干旱、半干旱地区发生更为严重。日灼病的发生与温度、光照有密切关系,果面高温与太阳辐射是导致其发生的直接原因,空气温度、空气湿度、风速等外界环境条件,通过影响果面温度而与日灼病的发生有密切关系。发生严重时,果实表面会出现大小不等的坏死斑块,使果实失去食用价值,极大地降低果实的外观品质。同时,由于受伤害部位的生理功能的降低,常导致果实发育后期及储藏期间这些部位更易感病或出现裂果、冷伤、冻伤等生理病害。

(1)症状 图5-48为晚红品种常见的日灼病症状。图5-48-1是日伤害型日灼病刚开始发生时的常见症状,果实的下表皮部位变白。有资料介绍,果实变白是源于叶绿体的光漂白;图5-48-2是日灼病的凹陷症状,常见于临近着色期果实、热伤害型日灼病的果穗背光面、套袋情况下果实日灼病的症状。凹陷症状多在午后出现,开始时凹陷斑较小,慢慢逐渐扩大,症状下果肉组织坏死。图5-48-3症状常见于发病严重的果穗,随着病情加重,症状越来越明显,多日后发展为褐色干枯果。皱缩症状日灼发生时果面温度一般较高。

1　　　　　　　2　　　　　　　3

图5-48　晚红日灼病危害症状

1. 变白症状　2. 凹陷症状　3. 皱缩症状

研究发现,在葡萄果实的生长前期,果实比果梗更易受到高温强光的影响表现出日灼症状。而在果实开始进入成熟期(红色品种开始变红)时,果实比果梗对高温强光的耐受力更强,因此在遇到高温强光伤害时,首先果梗受到伤害,表现出变褐坏死(图5-49)。在套袋栽培条件下,这种现象经常发生。

图5-49 果梗症状

在遇到高温强光时,也会对葡萄叶片造成伤害。这种伤害的基本条件是在高温的基础上的强烈光照。常常造成叶片边缘部分枯死变褐(图5-50)。在沙土地、中耕后的土壤上发生较为严重。

图5-50 叶片症状

(2)果穗发病过程(图5-51) 图5-51为同一果穗的晚红品种在发生日灼病后15天内不同时间的症状表现。在果穗发生日灼病的第二天,部分果粒变褐、皱缩、凹陷;原已发病的果粒,症状继续发展,表现为整个果粒变褐、皱缩,并继续向果梗、穗轴发展,果梗、分穗轴也出现黑褐色斑,由于分穗轴受损,造成其上原来并没有发生日灼病的果实也出现失水、青枯、皱缩等间接日灼症状;图5-51-3、5-51-4显示,日灼病症状继续发展,主要表现在分穗轴病斑颜色逐渐加深并继续蔓延,原来青枯、皱缩的果粒逐渐发展为褐色干枯果。果穗的发病过程表明,葡萄日灼病不仅危害果粒,而且危害果梗、穗轴等，没有直接受日灼病危害的果实，也会受到间接的伤害。此发病过程可帮助准确地认识、系统地了解日灼病，做到有针对性地防治，减轻生产损失。

图 5-51 葡萄日灼病发病过程
1.第二天症状 2.第七天症状 3.第十二天症状 4.第十五天症状

（3）发生规律

1）与品种的关系 从成熟期来看，以中、晚熟品种发病较重，尤其以薄皮品种的美人指、晚红、黑玫瑰等发生较为严重，而早熟品种发病较轻。此前曾有部分学者认为早熟品种发病轻的原因是早熟品种果实的快速生长期外界温度较低。通过对晚红（晚熟、薄皮、粉红色）与绯红（早熟、薄皮、粉红色）的对比试验说明，在同样的气候条件下，早熟品种绯红日灼病发生率明显低于晚红，究其原因，主要是因为绯红品种发病的临界果面温度明显高于晚红品种，晚红品种在果实的快速膨大期发生日灼病的临界温度在 42~43℃，而处于相同果实发育期的绯红品种即使达到 46℃ 时果实仍不表现日灼症状。从果皮厚度来看，厚皮品种（如巨峰系）发病明显低于薄皮品种（如晚红）。从果粒大小来看，大粒品种发病较早而重，而小粒品种发病较晚而轻。

2）与果实发育期的关系 葡萄日灼病的发生严重程度与果实的发育期有关。果实快速膨大期发生重，而果实着色期发病轻。果实日灼病多发生在果实的快速膨大期，一方面是因为在果实的快速膨大期，地面干燥、气温较高，尤其是中原地区的干热天气十分有利于日灼病的发生。另一方面是因为着色期果实发生日灼病的临界果面温度明显高于果实快速膨大期,试验表明,在晚红葡萄的着色期,果实发生日灼病的临界果面温度高于快速生长期4 ℃以上,即使有症状产生,其果面凹陷症状较多,果实变白症状明显减少。

3)与光照的关系 光照是影响日灼病发生的重要因素。在晴朗无风的中午,着生在篱架式的近地裸露果穗,强烈的光照可使其果面温度在气温的基础上升高10 ~ 12℃,通常把提高的温度称为"光致果实温度"。由试验测得在无风状态下,每10 000lx的光照强度可使果面温度升高1℃左右。

因此,果穗周围叶片的多少决定着果面因接受光照强度的不同而影响到果面温度的高低。果面温度超过临界温度值并维持一定的时间时,果实即可产生日灼。当日灼症状产生后,果面即使遮阴,其症状在一定时间内仍继续发展。葡萄果实果面温度的最大值一般出现在14 时左右,而12 ~ 14 时的果面温度通常较为稳定。由此可以推断,果穗如在上午开始表现出日灼症状,昭示着当天日灼病将发生严重,应引起高度重视。突发性的高温与强光,如连阴雨后的天气突然转晴,气温突然升高更容易引起日灼。

4)与地表状况的关系 地表状况对日灼病的发生有密切关系。一般来说,无植被地块日灼病高于有植被地块,沙质土壤高于黏质土壤,地表干燥的地块高于含水量充足的地块。无植被的、干燥的沙质土壤最利于日灼病发生。在白天,太阳光照射到地表后,尤其是照射到无植被的、干燥的沙质地表时,地表温度迅速上升,中午地表温度可高达60 ~ 70℃,高温地面以热辐射的方式引起气温升高,在近地面一定的范围内,离地越近气温越高,常造成近地果穗日灼病严重发生。

5)与果穗着生部位的关系 田间小气候决定果穗着生部位越低,日灼病越严重。采用篱架式栽培的葡萄,其近地果穗周围的气温更高,加之下部叶片稀少,接受到的光照更强,接受到光照的时间更长,所以果面温度较上部果实会更高,日灼病就更严重。在篱架式栽培中,同一高度的果穗,西面发生日灼病较重,而东部则相对较轻。

6)与风速的关系 日灼病大多发生在无风或微风的天气,风速高时,果面达不到日灼发生所需要的临界温度。风降低果面温度的方式有两种,一是风可以将大气中较低温度的空气与近地面较高温度的空气进行交换,降低果穗周围的气温;二是风可以直接与高温果面进行热量交换而降低果面温度。

7)与套袋的关系 葡萄果穗套袋后,环境条件变得更为复杂。一是果实套袋后,果实接受到的光照强度明显降低,尤其是复合袋、反光膜袋等透光率几乎为零,果实因光照产生的果面温度升高受到一定的限制;二是果实套袋后,空气相对静止,果实的升温效率提高了;三是果实套袋后,果袋本身升温后,对果袋内部温度的升高有一定影响。套袋时间对日灼病的发生也有一定影响,中午或其他高温天气套袋日灼发病重,早晨与傍晚时套袋发病轻,果粒迅速增大期套袋发病重。套袋时,如果果袋没有完全撑开、果袋空间变小、底部通气孔未开、果粒紧贴果袋等,均会造成果面温度急剧升高,诱发日灼病的发生(图5 – 52)。

图 5-52　套袋果穗上部日灼症状

（4）防治措施

1）提高结果部位　尽量不用篱架式，而选用棚架、"V"形架等架式，以提高结果部位，避免因果穗离地太近产生较高的果面温度而诱发日灼病的发生。尤其是像美人指、晚红、黑玫瑰等易发生日灼病的品种、干旱地区、沙质土壤更应提高杆高。

2）增加植被避免地表裸露　在葡萄行间生草（如三叶草或其他草本绿肥作物），行内进行秸秆覆盖，以降低地表裸露，白天既可减少阳光对地面的直接照射而引起地表温度的过度升高、改善不利于该病发生的田间小气候，又可减少地面水分蒸发，保持土壤合适的水分，利于根系对土壤养分的正常吸收，可显著降低日灼病的发生。在干旱地区、沙质土壤上更应注意增加地表植被、地面覆盖。

3）加强肥水管理　对土壤干燥的地块，应及时灌水，尤其要注意对易发生日灼病的品种和处于快速膨大期的果实更应加强管理。在我国华北地区，麦收前后是葡萄日灼病发生的敏感时期，一般在麦收前果园应灌水一次。灌水是预防日灼病发生最为有效的措施之一。灌水要选择在地温较低的早上和傍晚进行，要小水勤灌，避免大水漫灌。改善土壤结构，深翻土壤结合施用有机质，提高土壤的保水保肥能力。氮肥、磷肥、钾肥要合理搭配使用，避免过多使用速效氮肥，特别要重视钾肥的施用。

4）培养合理树体与叶幕结构　保持枝条的均匀分布，及时进行摘心、整枝、缚蔓等。生产中可采用除顶部 1~2 个副梢适当长留外，其余副梢留 1 片叶绝后处理，这样既不至于发生冠内郁蔽，又能有效地降低果穗周围的光照强度，减少日灼病的发生，还增加了功能叶的树量、增强了光合作用。对篱架式栽培的葡萄，要注意选留部位较高的果穗，保持果穗下部一定的叶片数量，降低果穗裸露、防止下部果穗接受长时间的太阳光照，特别要尽量避免 12~14 时的太阳光照，以降低日灼病的发生。

5）加强通风　要加强夏季管理，控制氮肥的过量使用，以避免植株过于郁闭，改善温室通风条件,可有效降低日灼病的发生。

6)套袋栽培　果袋种类的选择对日灼病的防治很重要,对易发生日灼病的品种建议选用透光率低的深色袋、双层袋等,可有效地降低日灼病的发生。尽量采用尺寸较大的果袋,套袋前应加强对果穗的整理,可适当疏除基部分穗,套袋时,将果袋完全撑开,尽量使果实悬挂于袋子中央,避免果穗紧贴果袋。果实套袋应避免在中午高温时间,尽量选择早、晚气温较低时进行。在温度变化剧烈的天气不要套袋,如阴雨后突然转晴后的天气。要保持下部透气口张开。除袋最好选择早上温度较低时进行。

避雨栽培条件下果穗套袋时,果袋上部可适当开口,以利于袋内热空气通过上口流出,以避免袋内温度过高,可有效减轻日灼病的发生。

7)预测预报　要加强预测预报工作,尤其要加强对易发病品种及处于快速膨大期果实日灼病的预测预报工作。日灼病预警的环境条件为:晴天、高温、无风、干燥的地表(尤其是无植被的沙质地表)。

葡萄日灼病的发生是一个复杂的过程,它与气候、品种、果实发育期、树势、果实着生部位、土壤状况等有密切关系,对葡萄日灼病的防治要本着预防为主的方针,采取有效措施改善果穗周围的光、热、气、湿等条件,使之朝不利于日灼病的方向发展,这是防止日灼病发生、降低其危害的根本措施。在生产上要重点做好对易发病品种、快速生长期的果实及无植被沙质土壤上生长的葡萄的日灼病的防治。

2. 葡萄冻害

(1)秋冬季冻害　秋冬季冻害包括秋季冻害(即早霜害)和冬季冻害。秋季冻害是指在葡萄尚没有落叶时,天气突然降温到一定程度时,葡萄枝条及植株体受到伤害。树体受冻害的程度与天气的降温幅度、植株体抗寒性及预防措施有密切关系。

1)症状　早霜冻害发生严重时树干被冻死,如果冬季没有埋土防寒措施,冻死的树干在风吹失水后于春季常常出现开裂症状,地上部分几乎全部死亡(图5-53)。树干开裂发生在阳面或其他白天温度较高的地方,一般来说,根系很少因早霜而冻死。

树干冻死的植株,春季常常从树干基部发出枝条,由于具有庞大的根系,其枝条生长十分旺盛,当年应加强培养,可一年成形,第二年即可进入丰产(图5-54,图5-55)。如采用"V"形架单干双臂整形时,按照结果枝组选留密度,两条主蔓上的副梢当年可通过选留3~5片叶摘心的方式当年成形。当年的新梢因生长过于旺盛,

图5-53　树干死亡开裂

其冬季抗寒性较差,应加强夏季摘心、去副梢等管理,促进枝条充实,提高抗寒性能,并于寒流到来时采取相应措施,避免冻害再次发生。

图 5 - 54 受冻后基部隐芽萌发

图 5 - 55 基部萌发的新梢生长旺盛

较为严重的早霜冻害产生的症状有时出现主蔓和枝条被冻死,生产上常常见到植株上部部分死亡、部分生长的现象,死亡的部分有时也出现主蔓开裂等现象。一般来说,地上一部分枝蔓死亡的植株,余下尚未死亡而还在生长的部分,生长势较为衰弱、发芽较迟(图 5 - 56)。冬季气候干燥、风大时,本来就冻伤的葡萄枝蔓因蒸腾量较大而根系吸收的水分又供不应求时,枝蔓失水过多加速枝条干枯死亡。

图 5 - 56 地上部局部冻害症状

受害相对较轻时,枝条没有冻死,而芽眼受到一定伤害,具体表现为发芽推迟、生长势衰弱,当年新梢生长量显著降低,严重影响下年的产量与质量。

2)发生规律 一般来说,早熟品种抗性较强、受冻害较轻,晚熟品种受冻害较重;巨峰系品种受冻害较轻,像圣诞玫瑰等欧亚种抗寒性较差,受害较为严重。同一品种果实的采收期如果推迟,受害则较为严重。图5-57同为金皇后品种,左边一行因果实推迟采收一个月左右,地上部分受冻后,来年从基部萌发重新生长。

图5-57 果实采收期推迟时地上部被冻死后重新萌发

如果天气突然降温且持续时间长时,冻害发生较为严重。调查发现,在早霜冻害发生时,如果遇大风天气,植株受害程度将会增强。如果冻害是因为降雪造成的,则雪融化时是造成冻害的重要时期,因为此时温度较低。葡萄树发生早霜冻害的原因是葡萄树还没有进入休眠状态,突遇大雪或其他低温天气,温度下降速度过快、下降幅度较大时,植物体细胞内水分凝固成冰,形成细胞内结冰,细胞死亡。早霜冻害温度一般在0°以下。

植株抗寒性与早霜冻害有重要关系。如果田间管理规范、施肥合理、摘心去副梢工作及时,枝条发育就会充实,对早霜冻害的抵抗力较强,受害程度则较轻;负载量过大的树受害严重,而负载量合理的树受害较轻;当年秋季霜霉病严重而落叶较早的树受害严重。提高植株抗寒性是防治早霜冻害的重要一环,生产防治上应提高植株的抗寒性,包括合理负载,加强肥水管理,加强对霜霉病等病害的防治,避免提早落叶,加强夏季枝蔓管理等。

土壤含水量较大时,植株受冻害程度较轻,干燥的土壤、沙质土壤往往受早霜冻害较为严重。当寒流到来时,灌水是预防早霜冻害发生的有效措施,实践证明寒流到来之前进行灌水效果最佳。

地势低洼处早霜冻害常常发生较重,原因是冷空气下沉,低洼处气温更低;葡萄园位于村庄或建筑物的南面时,常常冻害发生较轻,因建筑物起到了挡冷风的作用。

枝条对低温的忍耐力较强。不同的品种的抗寒性有较大差异,欧亚种的芽眼一

般可忍受 –18 ~ –16℃的低温,美洲种的芽眼可忍受 –22 ~ –20℃的低温,山葡萄可忍受 –40℃的低温,巨峰葡萄可忍受 –20 ~ –19℃的低温,杂交种的葡萄对低温的忍受力大多居于父母本之间。

同一品种不同的管理措施其枝条冬季抗寒力也会存在一定差异,尤其是秋季霜霉病等造成的早期落叶甚至二次发芽对抗寒性的降低更为显著。我国一般以1月绝对低温多年平均值 –15℃线为基准,在绝对最低温度 –15℃以北地区,冬季必须采取埋土防冻措施。在中部地带,习惯上以河南安阳与河北邯郸交界处为界,呈东北—西南方向,这条线以北为埋土防寒区,以南为非埋土防寒区。需要注意的是介于过渡区域的没有埋土的葡萄园由于管理上的疏忽大意,是冬季发生冻害的较为严重的地区,常常是 5 ~ 10 年发生一次。对于欧亚种(如晚红、克瑞森、森田尼无核等)的 1 ~ 2 年生幼树,由于根系分布较浅,常在过渡区发生根系冻害。冻害发生后,葡萄树体及第二年甚至第三年葡萄产量、质量受损,应该引起高度重视。发生严重时,其地上部分被冻死,春季从根部萌芽,扦插苗栽培的果园具有一定的优势,而嫁接苗栽培的果园在地上部被冻死后,春季萌发的时常是砧木部分。

在我国埋土防寒的过渡地带的果园是否埋土,应结合品种、当年天气及植株生长发育情况而定,如果品种抗寒性较差、当年天气寒冷、当年霜霉病造成提早落叶、结果量大、枝条发育不够充实时,就应该采取埋土措施。

3)防治措施　土壤含水量的高低对葡萄植株冬季防寒有非常重要的作用。水的热容量较大,当寒流到来时可以释放一定的热量使土壤温度不至于降得太低而使葡萄根系受到伤害。在非埋土防寒地区,干旱可加速枝条抽干,会加剧冻害症状的发生。土壤灌水不但可减轻此类现象发生,而且对果园夜晚低温有一定缓冲作用。一般 12 月至翌年 1 月是一年中最为寒冷的季节,生产上一般在 12 月的寒流天气到来之前,对果园进行灌水,这些措施在我国埋土过渡带的非埋土果园尤为重要。极端天气到来前夕灌水对这些地区的冻害防治尤为重要。有条件的地方可以考虑在埋土的部分采取一定的黑色地膜或其他覆盖物进行覆盖以保持土壤较高的含水量,以增加土壤对低温的缓冲性,可提高防寒效果。

(2)晚霜危害

1)症状(图 5 – 58)　晚霜主要造成葡萄叶片、芽、枝条受害。发生较轻时,只是在叶片上表现症状,通常叶片边缘变褐甚至枯死。产生这种症状时,温度常降至 0℃左右,一般不超过 –1℃。随着温度的进一步降低,症状开始逐渐加重,发出叶片的新梢开始受冻,处于绒球期的芽则较为抗冻。所以,常常见到剪口下第一芽受害较重,而下部的芽受害较轻。当有幼嫩新梢被冻死时,表明温度一般降至 –1℃以下。当发现萌动的绒球开始受害时,此时的温度一般在 –3℃以下。突然性的温度降低,受害将更为严重。

图 5 - 58　葡萄晚霜危害症状（刘启山　提供）

1.叶片受害状　2.嫩梢受害状　3.萌动芽受害状　4.小叶片受冻后后期症状

当晚霜发生较轻,幼龄叶片受到伤害,随着叶片生长,在成龄叶片上时常可看到斑驳症状,类似于病毒病症状。

2）发生规律　就一个枝条上来看,由于剪口下 1 ~ 2 芽发芽更早,更易遭受晚霜冻害,受害更为严重,而下部芽受害较轻。在地势较低的地块,其枝芽受晚霜冻害更重。在夜晚,地面一方面辐射热损失热量,另一方面吸收大气对地面的辐射热而增加热量。天气晴朗时,地面有效辐射值较大,地面温度降低幅度大,容易出现霜冻,所以,霜冻多发生在晴天的凌晨。夜间有风时,地面有效辐射值减小,风能把近地面冷空气带走,代之以温度相对偏高的空气。地势较高的地块夜晚风偏大,温度往往偏高。地势较低的地块由于上述因素的影响,加之冷空气下沉的原因,低洼处气温总是更低,因此受害也更严重。

沙质土壤受害较重,而黏土地受害较轻。沙质土壤春季回温快,白天温度偏高,植株发芽早、生长快、芽生长较长而抗寒力偏弱,夜晚土壤温度偏低,因此植株更易受害。

同一地块,土壤含水量越高受晚霜冻害越轻。由于水的热容量较大,当土壤含水量较高时,白天地温升高幅度受到一定限制,地温回升慢,葡萄发芽推迟。含水量较大的地块夜晚地温下降幅度也受到一定限制，受害偏轻。

旺树和弱树树体营养储存不均衡、枝条发育不充实、抵抗力差、内部髓心组织不紧密。如施用氮肥过多、负载量过大、秋季霜霉病严重、夏季摘心去副梢不及时等，均会使枝条发育不充实而降低抵抗力。

3）防治措施　当气温降低到0℃以下时就有发生晚霜冻害的可能性。降温幅度越大伤害越大，灌水是目前防治葡萄晚霜危害较为有效的方法。水的热容量较大，当气温降低时，含水量较大的土壤的降温速度将会变得缓慢，降温幅度较小。晚霜一般发生在晴天凌晨，因为此时气温是一天中最低的。实践证明，在晚霜到来的前一天晚上灌水效果较为理想。由于这时的水温较高，水分散热又是一个缓慢的过程，这样可以保持植株体周围有一个相对较高的温度，可减轻甚至避免晚霜冻害的危害。

葡萄植株体本身的抗寒性对减轻晚霜危害有重要作用。要加强管理，合理负载，合理施肥，防治霜霉病，并及时摘心、去除副梢，以促进秋季养分积累、提高植株体抗寒性。

二、设施葡萄主要虫害

（一）主要虫害及防治

1. 绿盲蝽　绿盲蝽主要在春季葡萄发芽后危害幼嫩的枝芽，常造成叶片枯死小点，随着叶片不断生长，枯死小点逐渐变成孔洞。叶片及生长点受害严重时，新梢生长受阻（图5-59）。花蕾受害后会停止生长甚至脱落，受害幼果粒初期表面呈现黄色小斑点，随着果粒生长发育，小斑点逐渐扩大，严重时受害部位发生龟裂。由于绿盲蝽属于刺吸式取食，因此，晚红、绯红等欧亚种发生较为严重，而巨峰等叶片背面有茸毛的品种，通常发生较轻。

图5-59　绿盲蝽危害症状

图5-60　绿盲蝽成虫

绿盲蝽也可危害棉花、蔬菜等多种作物，寄主范围较广，1年发生3~5代，主要以卵越冬，3~4月越冬卵开始孵化，葡萄萌芽后开始危害，葡萄展叶盛期为危害盛期，幼果期开始危害果实，而后随着气温逐渐升高，危害逐渐变轻。绿盲蝽成虫（图5-60）白天多潜伏在葡萄树下的杂草内，多在夜晚和早晨危害，喷药可选择在傍晚进行。防治绿盲蝽的时期一般选择在2~3叶期,即新梢出现2~3个较大叶片时进行药剂防治。目前防治绿盲蝽的优秀药剂包括菊酯类(如溴氰菊酯、氯氰菊酯、高效氯氰菊酯等)、吡虫啉等,对该虫的防治喷药要周到、细致。

2. 葡萄根瘤蚜　葡萄根瘤蚜是葡萄生产上的具有毁灭性质的害虫,近年来在我国部分地区发生蔓延。葡萄根瘤蚜主要危害根部,也危害叶片。根部被害时发生肿胀或形成肿瘤,轻者造成根系养分吸收能力降低,当伤口被微生物侵染时,导致根系腐烂、死亡,从而造成树势衰弱,甚至植株死亡(图5-61)。

图5-61　葡萄根瘤蚜危害症状

根瘤蚜目前仅在我国少数地区发生,对于葡萄种植新区,主要通过苗木、种条远距离传播,因此,加强植株检疫,防止进入其他地区,是一项非常重要的手段。葡萄种植者也应避免从疫区调入苗木。为防止传播,对采用的苗木进行药剂消毒处理,可使用50%辛硫磷乳油800~1 000倍液,浸泡枝条或者苗木15分左右。采用抗虫砧木的嫁接苗是防治葡萄根瘤蚜的根本措施。葡萄一旦发生根瘤蚜,要用药剂进行及时防治,优秀的杀虫剂有辛硫磷、氯化苦、阿维菌素等。

3. 介壳虫　葡萄介壳虫一般在避雨等设施栽培条件下发生严重。常见的有东方盔蚧和康氏粉蚧等。

东方盔蚧又名扁平球坚蚧。避雨栽培条件下发生较为严重。在葡萄上一年发生2代,以若虫在枝蔓的裂缝、枝条阴面越冬。第二年,在葡萄发芽前后,随着温度升高若虫开始活动,爬至枝条上开始危害,4月开始变为成虫,5月上旬开始产卵,将卵产在自己的介壳内,5月中旬为产卵盛期,雌虫一般不需要与雄虫交配即可产卵,每个雌虫可产卵1 000多粒,卵期3~4周,5月上旬至6月上旬为孵化盛期,6月中旬开始转移到新梢、果穗上危害,7月上旬羽化为成虫。常在新梢枝条上看见该虫,危害严重时,叶片上、新梢上常出现成片的黑色霉状物(图5-62)。

1   2   3

图 5 - 62　东方盔蚧危害症状

1. 东方盔蚧在枝干上危害症状　2. 东方盔蚧在叶片上危害症状　3. 东方盔蚧在果实上危害症状

康氏粉蚧一年发生 3 代,主要以卵在树体的缝隙及树干基部土壤缝隙处越冬,第二年春季,当葡萄发芽时,越冬卵孵化后,若虫爬行到幼嫩组织进行危害。第一代若虫盛发期为 5 月中下旬,第二代为 7 月中下旬,第三代为 8 月下旬。第一代危害枝干,第二、第三代主要危害果实(图 5 - 63)。若虫发生期,雌虫 35 ~ 50 天,雄虫 30 天左右。每雌虫可产卵 300 粒左右。康氏粉蚧喜欢在阴暗处活动,果穗套袋有利于大发生,一般套袋后喜欢转移到袋内危害。

图 5 - 63　康氏粉蚧在果实上危害症状

介壳虫排泄蜜露到果实、叶片及枝条上会带来一定污染(图 5 - 64),当湿度较大时,蜜露上产生杂菌污染,形成黑色煤污状物,当污染果实时,使果实失去食用价值。

介壳虫的防治通常是发芽前与生长期结合进行药剂防治。葡萄发芽前,要求在果园喷洒 3 ~ 5 波美度石硫合剂,消灭越冬若虫。生长季节防治主要抓好葡萄刚发芽时和 6 月 1 日前后的若虫孵化盛期进行,若虫孵化时,幼小虫体抗药性差,药剂防治效果较好。防治介壳虫的优秀药剂有:毒死蜱、吡虫啉、啶虫脒、杀扑磷等。

图5-64　蚧类危害造成叶片污染

4. **透翅蛾**　透翅蛾1年发生1代，以老熟幼虫在受害枝条内越冬。幼虫主要危害嫩梢，初龄幼虫蛀入嫩梢，危害髓部，致使嫩梢死亡，被害嫩梢容易被折断，被害部位肿大，蛀孔外有褐色虫粪。该虫5月1日前后开始活动，在越冬枝条里咬一个小孔，而后作茧化蛹。蛹期一般10天左右，由蛹变为成虫的时期一般在葡萄开花期。成虫卵多产在较粗的新梢上，卵期10天左右。初孵化的幼虫多从叶柄基部进入嫩梢内，幼虫的蛀食方向是由下向上进行，造成新梢上部很快枯死。而后转向基部方向蛀食，受害新梢叶片变黄，果实脱落。幼虫一年内转移2~3次，越冬前转移到2年生以上枝条内危害，9~10月老熟幼虫越冬。葡萄树龄大时发生严重，在葡萄的开花期及浆果期危害严重(图5-65、图5-66、图5-67、图5-68)。

图5-65　透翅蛾幼虫及危害症状

图5-66　透翅蛾新梢上蛀孔

图 5 - 67　透翅蛾蛀食及排泄物

图 5 - 68　透翅蛾成虫

防治透翅蛾应首先加强农业防治,冬季修剪时将有虫的枝条剪除集中烧毁,葡萄生长季节发现有被危害枝条时,要及时剪除。发现危害症状时,可采用药剂虫孔注射,虫孔注射可使用 80% 敌敌畏 200 倍液,使用菊酯类农药,注射后用湿土将排粪孔密封。

5. 叶蝉　葡萄树上的叶蝉一般有两种,即葡萄斑叶蝉和葡萄二黄斑叶蝉。两者生活习性基本相似,每年发生 3～4 代,以成虫越冬。越冬成虫一般于 4 月中下旬开始产卵,5 月中下旬若虫盛发,多在叶片背面危害,夏季喜欢在温度较低时取食,7～9 时、18～20 时为活动取食高峰期(图 5 - 69、图 5 - 70)。

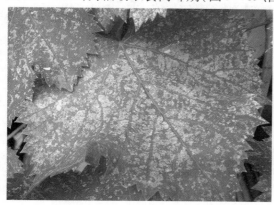

图 5 - 69　叶片正面症状

图 5 - 70　叶片背面叶蝉若虫

在葡萄发芽后是叶蝉越冬代成虫防治的关键时期,开花前后是第一代若虫防治的关键时期,应加紧喷药进行防治。理想的防治药剂有吡虫啉、菊酯类药剂等。

6. 蓟马　蓟马在我国葡萄产区分布较为广泛。主要危害葡萄幼果、嫩叶、新梢等,以锉吸方式吸食葡萄汁液。幼果受害初期,果面形成纵向的黑色斑,后发展成为木栓化的褐色锈斑,严重时引起果实开裂,使果实失去商品价值(图 5 - 71)。

图 5-71　蓟马致果面的褐色锈斑　　　　　　图 5-72　蓟马若虫

　　蓟马一年发生 6~10 代，以成虫或若虫在葡萄、杂草等处越冬，少数以蛹越冬（图 5-72）。在葡萄初花期，蓟马开始危害葡萄幼果。防治蓟马的关键时期是开花前夕，可结合田间其他病害防治，加入杀虫剂进行防治。常用药剂有吡虫啉、功夫菊酯等。

　　7. **金龟子**　危害葡萄的金龟子有多种，最常见的是白星花金龟子（图 5-73）、黑绒金龟子（图 5-74）。白星花金龟子主要危害葡萄的花序和果实，其他金龟子主要危害叶片。

图 5-73　白星花金龟子　　　　　　图 5-74　黑绒金龟子

　　白星花金龟子在河南省 1 年发生 1 代，以幼虫在土壤中越冬，成虫于 5 月上旬开始出现，在葡萄上，主要危害成熟期的果实，通常这一时期在 7 月中下旬至 9 月。白星花金龟子在葡萄园内昼夜取食，成虫具有假死性、趋化性、群聚性。在土壤中的幼虫一般不危害葡萄根系。黑绒金龟子通常多危害当年生幼树。

　　在防治上，避免使用未经腐熟的鸡粪等有机肥；在发生盛期，用糖醋液诱杀成虫，糖醋液配制比例为：白酒∶红糖∶食醋∶水∶90% 敌百虫晶体 = 1∶3∶6∶9∶1；在沤制鸡粪等有机肥时要药剂处理，可大量喷洒 50% 的辛硫磷乳油 1 000 倍液；在田间发生盛期，使用 50% 辛硫磷乳油 1 000 倍液、80% 敌百虫粉剂 1 000 倍液，48% 毒死蜱乳油 1 500 倍液等喷雾防治。

　　8. **斑衣蜡蝉**　斑衣蜡蝉 1 年发生 1 代，以卵越冬，越冬通常在葡萄枝杈上。翌年

156

4月中旬后卵开始孵化为若虫(图5-75)。若虫通常危害幼嫩的茎叶,春天葡萄新梢生长至50厘米左右时开始危害。6月中旬以后产生成虫,进入8月开始产生成虫,8~9月危害最为严重(图5-76)。卵集中排列,一个卵块一般有40~50粒。

图5-75 斑衣腊蝉若虫

图5-76 斑衣腊蝉成虫

斑衣腊蝉喜欢在臭椿树、苦楝上生活,对葡萄园周围有这些树木时,应注意重点防治,或将这些树木去除;田间卵块易被发现,可集中消灭;幼虫盛期来临前为化学药剂防治的关键时期,可喷洒辛硫磷、菊酯类药剂等进行防治。

9.天牛 危害葡萄的天牛主要是虎天牛,又名葡萄天牛、葡萄枝天牛。葡萄上的天牛是以幼虫危害枝干,蛀入木质部后,常造成枝干折断或枯死。虎天牛1年发生1代,以幼虫在蔓内越冬(图5-77),翌年春季,葡萄发芽后开始活动,粪便排在枝干内部,所以不易被发现。8月产生成虫,并产卵于芽鳞缝隙或叶腋缝隙处,卵孵化后,即由芽部进入茎内(图5-78)。

图5-77 天牛幼虫

图5-78 天牛成虫

春季不萌芽或萌芽后萎缩的枝条,多为虫枝,应及时剪除。在8月成虫羽化期进行喷药防治,常用药剂有辛硫磷、菊酯类药剂等。

第六章

设施桃栽培

　　利用各种形式的设施条件，采用适合的树形结构、枝条精细修剪、促花保花等技术进行设施桃栽培，可生产出优质桃果实，弥补鲜桃生产的淡季，实现销售价格的大幅度提高，带来经济效益的成倍增长，推动设施桃栽培的快速发展。因此，桃树的设施栽培具有较大的发展潜力和较为广阔的发展前景。

第一节　设施桃栽培的生产概况

一、我国设施桃栽培的历史

桃是原产于中国的树种,已有 3 000 多年的栽培历史。20 世纪 80 年代中期,我国开始进行设施桃品种筛选及配套栽培技术的研究工作。经过多年的研究性探索及成功栽培,设施桃栽培在确定适栽品种、桃果实产量、品质及栽培管理技术等环节较露天自然栽培均得到很大提高和改善,明显提升设施桃栽培的经济效益。

二、我国设施桃栽培的现状

目前,我国设施桃栽培面积已经超过 2 万公顷,包括新疆在内的许多省区都有设施桃栽培成功的报道。其中辽宁省大连市、山东地区和河北省唐山地区栽培面积均超过 1 500 公顷,成为我国设施桃栽培的主要产区。露地生产的桃果实供应期集中在夏季,一年中有近 3/4 的时间属无鲜桃果的淡季,无法满足消费者的需要。

三、设施桃栽培的主要模式

(一)日光温室促成早熟栽培
一般采用人工智能温室及塑料日光温室等设施,栽培休眠期较少的品种,促成桃早熟品种的提早成熟,可实现桃果实在 3 月下旬至 4 月上市,经济效益十分可观。

(二)塑料大棚促成早熟栽培
采用钢架塑料大棚、竹木结构塑料大棚以及拱棚等设施,采用早熟桃品种,进行桃早熟栽培,桃果实上市时间较日光温室栽培稍晚,一般在 4 月底至 5 月上市。

(三)延迟栽培
通常采用塑料日光温室或塑料大棚等设施条件,对晚熟品种进行延迟成熟栽培的一种生产模式。利用该模式可使桃果实在每年的中秋和元旦上市,抢占"两节"鲜果市场。目前,我国采取此种栽培模式的面积还较小,但发展的潜力巨大。

第二节 设施桃栽培的品种

一、设施桃栽培品种的选择原则

桃树在设施内成功栽培往往与露地栽培有很大的差异,若想获得高产、优质的桃果实,对品种的选择显得尤为重要。

☞ 树冠应选择树体矮小、花芽节位较低、树冠紧凑的品种。

☞ 早熟品种应选择果实发育期 45～65 天的品种,中熟品种应选择果实发育期 66～85 天的品种,延晚上市的品种应选择果实发育期为 180～240 天的品种。

☞ 毛桃品种应选择果实表面少茸毛或无茸毛、色泽艳丽、果形整齐、含糖量较高及较耐贮运品种,油桃品种应选择果实表面不裂果、果实颜色艳丽和较耐贮运的品种。

☞ 在品种休眠期方面应考虑早熟、休眠期短的品种,进行延晚成熟栽培时应选休眠期长的极晚熟品种。

二、设施桃栽培的主要品种

(一)曙光(图 6-1)

极早熟甜油桃,果实生育期 60～65 天。果实圆形或近圆形,平均单果重 125 克,最大可达 210 克;果实全面浓红,肉质细脆,味甜,可溶性固形物 10%～14%,属甜油桃品种。生长中庸,枝条节间短,易成花,兼具短枝型属性。幼树生长较旺,萌芽率、成枝率高,幼树以中、长果枝结果为主,盛果期以中、短果枝结果为主,自花结实率高达 33.3%。

(二)艳光(图 6-2)

早熟白肉甜油桃,果实发育期 60～65 天。小花型,花粉多,自花结实能力强,结果早,丰产性能强,注意疏花疏果。果实椭圆形,平均单果重 120 克,最大果重 150 克以上。果皮底色白,全面着玫瑰红色,艳丽美观;果肉乳白色,粘核,肉质软溶质,气味芳香,可溶性固形物 11% 以上,风味浓甜。

图 6-1 曙光

160

图 6-2 艳光

（三）早露蟠（图 6-3）

图 6-3 早露蟠

　　果实扁圆形,果顶凹陷;果实底色黄白色,着红色;果面不平。平均单果重 103 克,最大果重 185 克。果肉乳白色,汁多,软溶质,果实成熟后易剥皮,半粘核,风味清香,极甜,可溶性固形物含量达 18.8%。6 月上旬成熟。自花结实率高,适于保护地栽培。

（四）京东巨油

单果重 200～248 克,最大 480 克,圆形,全红果,浓甜而芳香,自花结实,特高产,果实发育期 72～75 天。

（五）春光（图 6 -4）

果实近圆形稍扁,果面全红亮丽。耐贮运。果实生长发育期 65 天左右。

图 6 -4　春光

（六）超红珠（图 6 -5）

图 6 -5　超红珠

162

特早熟白肉甜油桃。果实长圆形,全面着浓红色,鲜艳亮丽。平均单果重 121.1 克,溶质,硬度中等,粘核,含可溶性固形物 12.1%,风味浓甜。果实生长发育期 57 天左右。铃型花,自花结实力强,丰产。

(七)春雪(图6-6)

山东省果树研究所引进的美国桃品种,平均单果重 150 克,果实圆形,果顶尖圆,果皮血红色,底色白色,肉质硬脆,风味甜,核小、扁平、棕色,果肉纤维少。坐果率高,需严格疏花疏果。

图6-6　春雪

(八)重阳红

由河北省选育的特大、晚熟优良品种。成型快,结果早。果个特大,平均单果重 300 克,个头整齐。成品苗建园,第二年即开花结果,第三年进入丰产期。果肉硬脆,极耐贮存和运输,果肉细、多汁、味甜。

(九)中油 4 号(图6-7)

早熟黄肉甜油桃。果实短椭圆形,果顶圆,微凹,果皮底色黄,全红型。平均单果重 148 克,肉质较细,风味浓甜,香气浓郁,耐贮运。果实发育期 74 天左右。

图 6-7　中油 4 号

（十）中油 5 号

郑州果树所新育品种,早熟白肉甜油桃。果实短椭圆形或近圆形,果顶圆,偶有突尖,果皮底色绿白,大部或全面着玫瑰红色。平均单果重 166 克,果肉致密,耐贮运。果实发育期 72 天左右。

第三节　设施桃栽培的生物学习性

一、根系

桃树根系分布的深广度因砧木种类、品种特性、土壤条件和地下水位等而不同。通常桃的根系分布较浅,尤其经过移栽断过根的树,水平根发达,但无明显主根。侧根分枝多近树干,远离树干则分枝少,其同级分枝粗细相近,尖削度小。桃根水平分布一般与树冠冠径相近或稍广,垂直分布通常在 1 米以内,环境条件不同,根系分布差异较大。在土壤环境差的条件下,根系主要集中在 5~15 厘米浅土层中。土壤环境好的条件下,根系主要分布在 10~50 厘米土层中。桃耐涝性差,积水 1~3 昼夜即可造成落叶,在设施内长时期灌水,造成土壤含氧量低时也可能出现上述现象。

二、枝芽种类及其特性

（一）芽的种类

桃芽按性质可分为花芽、叶芽、潜伏芽。

1. **花芽** 桃的花芽为纯花芽，肥大呈圆锥形，多数是一芽一朵花。有单花芽和复花芽之分。通常长果枝复花芽多，短果枝单花芽多（图6-8、图6-9）。

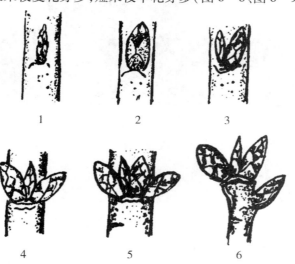

图6-8 桃树花芽和叶芽及其排列
1.单叶芽 2.单花芽 3.双芽 4.三芽 5.四芽 6.短果枝上单芽

2. **叶芽** 叶芽只抽生枝叶，着生在枝的顶端和叶腋内。叶芽在叶腋内着生方式很多，有的是单个着生，有的与一个花芽并生，有的位于两个花芽之间，有的与三个花芽并生，但也有的两三个叶芽并生组成复芽。桃的叶芽瘦小，常具早熟性。在设施条件下，一年内可抽生3~4次副梢，而形成多次分枝和多次生长。利用该特性可实现桃树树冠的快速扩大，提早形成树体骨架，为早期丰产奠定基础（图6-10）。

图6-9 桃花芽

图 6 – 10　桃叶芽

3. **潜伏芽**　桃的潜伏芽寿命短。因此,潜伏芽更新复壮要及时,稍晚则无法实现更新,影响树体的发育及结果寿命。

三、枝条及枝组类型

(一)枝

桃树的枝条既能由叶芽萌发抽枝,又可开花结果。按其结果枝条的长度可分为长、中、短果枝及花束状果枝。

1. **长果枝**(图 6 – 11)　长果枝长度在 30 ~ 50 厘米,基部和顶芽多为叶芽,中部多着生发育良好的复花芽,结果能力和连续结果能力都比较强,是桃树结果的主要部位。长果枝在结果的同时,还能抽生 2 ~ 3 个健壮新梢,并形成花芽。基部的叶芽发育良好,可用于更新修剪。

图 6 – 11　长果枝

2. **中果枝**（图6-12） 中果枝长度在10~30厘米,混合着生单花芽和复花芽。中果枝的上、下部,以单花芽为主,中部多着生复花芽,结果能力良好,结果后还能抽生中、短果枝,第二年可连续结果。

图6-12 中果枝

3. **短果枝**（图6-13） 短果枝长度在5~10厘米,除顶芽为叶芽外,其余大部分为花芽,复花芽着生很少,虽然能开花坐果,但结果能力较差,结果部位易上移,且难于在基部更新,长势健壮的短果枝,开花坐果以后,先端仍能抽生新梢;但长势较弱、营养条件差的短果枝,则结果率很低,而且结果后,多数易枯死。

图6-13 短果枝

4. **花束状果枝** 花束状果枝长度3~5厘米,除顶芽为叶芽外,其余为密生的单花芽。节间极短,排列较为紧密,呈花束状。此类果枝多着生在弱树或老树上,所以结果不良,且2~3年后多自行枯死,只有着生在2~3年生枝段背上的较易坐果。所以这种果枝,除用于衰老树的更新以外,多不用于结果。

(二)枝组类型

根据桃树结果枝组体积大小,可分为大、中、小型3种结果枝组,修剪时可根据品种特性和空间大小,进行合理配置。

四、开花与坐果

(一)开花

当平均气温在10℃以上时桃树开花,保护地内从萌芽到开花期间的平均气温越高,花期越早。桃树的花期一般延续时间快者3~4天,慢者7~10天。花期温度不稳,特别是遇到0℃左右低温,花器极易受冻(图6-14)。

图6-14 桃花

(二)果实的发育

桃果实是由子房壁发育而成的,果实由三层细胞构成,中果皮细胞发育成可食部分的果肉,内果皮发育成坚硬的果核,外果皮的表皮细胞发育成果皮。桃果实发育过程中,出现两次迅速生长期,中间有一次缓慢生长期。

1.第一期 果实快速生长期,从子房膨大至核硬化前,约为花后40天,此期细胞迅速分裂,细胞数大量增加,果实的体积和重量均增加迅速。

2.第二期 果实缓慢生长期,自核层开始硬化至硬化完成,此期胚进一步发育,但果实的体积增长缓慢。通常一般早熟品种较短,晚熟品种较长。

3.第三期 果实第二次快速生长期,自核层硬化完成至果实成熟为止,主要由于细胞间隙的发育(图6-15)。

图 6 – 15   桃幼果

第四节　设施桃的建园技术

一、设施的建立

（一）设施选址

设施一般选择背风向阳、土质肥沃、土层深厚、取水用水方便、便于排灌且交通方便的地方。应从光、水、肥、气、热等因素综合考虑,南方地区单栋式大棚面积一般以 400 米^2 较为合适,北方地区则以 600～800 米^2 为宜。

（二）日光温室

目前,国内日光温室主要采用由沈阳农业大学等单位承担开发的辽沈系列Ⅰ型日光温室。

（三）塑料大棚

大棚由钢筋、钢管或两种材料相结合焊接而成的平面拱架作为支撑。一般长 30～60 米,跨度 8～12 米,脊高 2.6～3 米,拱距 1～1.2 米。纵向各拱架间用拉杆或斜交式拉杆连接固定形成一个整体。拱架上覆盖聚乙烯或聚氯乙烯薄膜,拉紧后用压膜线或 8 号铅丝压膜,两端固定在地锚上。冬季防寒多采用厚约 5 厘米的草帘,也可采用保温被。视条件可在设施前挖宽 30～40 厘米的防寒沟,沟内填草或保温材料填土封严,高出地面5～10厘米。塑料大棚具有造价低廉、空间较大、透光性好、作业相对方便等优点。

二、园片与设施规划

(一)土壤改良

设施栽培属于高投入和高产出的精细栽培模式,土壤环境条件的优劣对设施桃栽培成功与否非常重要。因此,设施内土壤必须经改良后方可栽植桃苗木。桃苗木进棚定植前,结合土壤深翻每个温室施入充分腐熟的鸡粪3 000千克或土杂肥4 000千克,氮、磷、钾复合肥100千克,土肥混匀后翻耕备用。

(二)起垄栽植

设施内考虑到光照、水分和热量等因素,设施桃栽培常采取台式栽培体系。垄台规格为上宽40～60厘米,下宽80～100厘米,高60厘米(图6－16)。

图6－16　起垄栽植

用人工配制的基质堆积而成,人工基质本着"因地制宜、就地取材"的原则,利用粉碎并腐熟的作物秸秆、锯末、炭化稻壳、草炭、食用菌下脚料、山皮土及其他的有机物料,并混入一定的肥沃表土和优质土杂肥。苗木定植后每垄设置一条滴灌或渗灌管,覆盖地膜。

三、栽植密度

为了提高设施内桃树的生产能力,可采取固定株行距进行密植方式栽植(图6－17)。定植的行向一般为南北行向,株行距一般为1.0米×1.25米或1.0米×2.0

米,即每亩可植 330~550 株。也可根据植株发育状况变化密植方式,即前期密后期稀,充分利用设施内的土地,以便早期丰产,第三年郁闭时,可隔行隔株间伐,加大株行距。

图 6-17　栽植密度

四、苗木选择

设施内的桃树栽植要选择生长健壮、芽眼饱满、根系发达的苗木,栽植这类苗木的优点是树冠扩展快,易整形。在加强肥、水、病虫害防治、夏季修剪等管理条件下,当年可形成大量花芽,第二年可获得较高的产量和收入。为了保证日光温室中植株整齐、健壮,提倡先将苗木装入容器抚育一段时间再进棚定植,这样可选取长势健壮、大小一致的植株,定植成活率高,且不用缓苗。

近年来,因栽培及种苗繁育技术的提升,设施内提倡定植 2~3 年生优质大苗。选择具有一定树形结构和一定花芽的中庸、健壮大苗,可实现早产、早丰,提高设施栽培前期的收益,只是栽植时要适当加大株行距。

五、栽植时期与栽植方法

东北地区设施桃苗木的栽植时期通常在春季(3 月底至 4 月上旬),即设施内土壤温度上升后进行移栽。也可采取室外容器抚育,秋季再进温室内定植。在整个生长季抚育苗木期间,要注意肥水管理,病虫害防治,中耕除草,并注意夏季的整形修剪,利用桃芽的早熟性提早整形,并注意断根 2~3 次,秋末冬初于土壤上冻前移于保护地内定植。

定植苗木时按规划好的株行距挖浅坑进行栽种,埋土后注意提苗并踩实,有利于根系与土壤紧密结合,尤其要注意埋土位置不要超过嫁接口部位,最后做好树盘浇透水,待水渗下后,按台式栽培要求修建栽植台。设施内由于栽植密度较大,可进行成行覆盖地膜,这样能够迅速提高地温、促进发根,同时可以缩短缓苗时间,减少除草的用工量。

六、授粉树的配置

设施内选择的桃品种多数自花结实率比较高,但经异花授粉后植株的产量和品质均会提高,故应合理配置授粉树。授粉品种要求能与主栽品种同时进入结果期,且寿命长短相近,并能产生经济效益较高的果实。最好能与主栽品种相互授粉而果实成熟期相同或先后衔接的品种。授粉品种与主栽品种可采取 1:2 或 1:4 的成行排列栽植,将来隔行间伐后仍然是 1:2 或 1:4 的成行排列。

第五节　设施桃栽培的促花技术

一、施肥、浇水技术

(一)施肥技术

桃植株定植前,全园要施入有机肥 2 000~3 000 千克、硫酸钾复合肥 65 千克,保证土壤养分的持续供给。植株发育期间于 6 月底叶面喷 0.3% 磷酸二氢钾,每 7 天喷 1 次,连续喷 3 次,促进植株的花芽发育水平。树体进行正常肥料管理期间,于每年 8~9 月进行秋施基肥,为春季萌芽及开花提供养分储备。秋施基肥一般以腐熟农家肥为主,每亩施有机肥 3 000 千克左右,配施少量磷肥,幼树 80 千克,成龄结果树 100 千克左右,花前可追施尿素 80 千克。

(二)浇水技术

定植时结合起垄覆盖地膜,全棚要灌一次透水,并铺设好滴灌系统(图 6-18)。树体正常水分管理期间,在关键物候期保证水分供给,尤其注意在花芽分化临界期满足桃树对水分条件的需求。

二、修剪促花技术

(一)刻芽

刻芽在枝条发芽前进行,用刀剪在骨干枝的缺枝部位进行刻芽,深达枝条的木质

图 6 – 18　滴灌系统

部,以利于发出骨干枝或多发短枝。

(二)摘心

　　摘心处理在桃枝条半木质化以前进行。一般在整个植株生长期间,新梢进行 1 ～ 2 次摘心,使之多发二次枝,以利于迅速扩大树冠(图 6 – 19)。

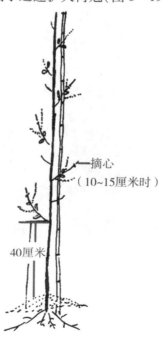

摘心
(10～15 厘米时)

40 厘米

图 6 – 19　摘心

(三) 扭梢

在桃枝条半木质化之前进行扭梢处理。当新梢长到 20 厘米左右时，按新梢的生长方向将枝条扭至 90°左右，并用新梢前端的叶片绑缚，注意保持新梢基部叶片的完整性，以利于基部芽体的发育。

(四) 拉枝

于当年 9 月或翌年 4 月进行拉枝，使之分枝角度至 80°～90°。将枝条拉平以缓和生长势，多发短枝，以利于形成花芽(图 6 - 20)。

图 6 - 20　拉枝

第六节 设施桃栽培调控技术

一、设施桃栽培休眠调控技术

设施内采取人工调控技术打破桃树休眠,是实现设施桃成功栽培的重要环节。一种方法是自然条件下满足品种的需冷量,于 12 月上旬至 12 月中旬进行升温管理。二是采取人工预冷方式,在 11 月底至 12 月初进行升温管理。一般情况下,设施升温一个月后桃树开花,气温低时需要 35~40 天开花,开花期棚内温度最低不能低于 5℃,否则花易受冻,影响授粉受精。开始升温要循序渐进,有利于各种激素、营养的平衡代谢。一般前一周控制在 5~15℃,第二周 8~20℃,第三周以后 10~23℃。特别在第三周最高温度不能超过 24℃,否则影响花粉和胚囊的发育,进而影响坐果率,温度的调节可以采用放风、草苫遮阴的方法来控制。

二、设施内环境管理技术

(一)温度管理技术

1. *萌芽前* 枝条萌芽前,设施内白天的温度控制在 15~20℃,夜间温度要求高于 5℃。

2. *花期* 开花期间,室内白天温度控制在 15~18℃,不超过 23℃,夜间温度控制在 7~8℃。

3. *果实发育期* 果实发育期间,室内白天温度不超过 27℃,夜间温度不低于 5℃。

4. *果实近成熟期* 果实近成熟期,室内白天温度控制在 25~28℃,夜间不高于 10℃,防止夜间过高温度引起养分的消耗。

(二)湿度管理技术

1. *萌芽前* 萌芽前期,室内空气相对湿度控制在 80% 左右,利于芽体的萌动。

2. *花期* 开花期,室内的空气相对湿度控制在 45%~65%,促进花粉开裂及花粉粒散出,利于授粉受精,提高坐果率。

3. *果实发育期* 果实发育期,室内空气相对湿度控制在 60%~70%,减少植株的发病概率。

4. *果实近成熟期* 果实近成熟期,室内空气相对湿度控制在 50%~60%,减少裂果现象。

（三）光照管理技术

桃是喜光树种,自然条件下表现出诸如树冠矮小、干性弱、叶片狭长等喜光的特性,在设施栽培中要注意合理密植,树型主要采取开心形或纺锤形,并结合合理修剪使树冠通风透光,满足植株对光照的需求。在设施生产过程中,通过早揭和晚放外覆盖防寒材料措施,并选用透光度较好的聚乙烯多功能复合薄膜等方法可提高温室内的光照效果。同时,每天采用碘钨灯和高压钠灯等人工光源补光 2 ~ 3 小时,经常清洗棚膜外部,保持棚膜清洁透光也是很好的选择。此外,在果实转色期,在设施内挂反光幕、地面铺反光膜及日光温室后墙张挂反光膜形成幕状,可以反射照射在墙体上的光线,增加光照25% 左右。地面铺反光膜可以反射下部的直射光,有利于树冠中、下部叶片的光合作用,增加光合产物积累,提高果实质量。

（四）气体管理技术

二氧化碳是植物利用光能进行光合作用的重要原料,设施内气体管理工作主要是人工补充二氧化碳。由于桃树叶片具有较高的二氧化碳饱和点,单靠设施内空气中的二氧化碳浓度很难满足桃树生长发育需求。因此,需要对设施内进行二氧化碳的补充。通常在晴天上午 9 ~ 11 时,采用温室气肥增施装置进行补充二氧化碳,适宜浓度为 800 ~ 1 000 毫克/千克,为桃树生长发育提供充足的二氧化碳。在我国北方地区进行设施生产时,通过燃烧液化气的办法一方面增加了温室内的二氧化碳浓度,另一方面又提高了室内的空气温度,是一种可借鉴的温室内气体管理方式。

三、花果管理技术

（一）提高坐果率

1. *花前复剪*　桃树花前复剪可调节树势、花芽量及枝果比,维持树势的中庸健壮,实现丰产、优质目的。对枝条徒长、长枝多、短枝少、花芽少的植株,要削弱树势,把树体营养调节到中、短枝上来,促进花芽分化;对生长势较弱的植株,在冬剪基础上疏除中、短果枝及弱枝上的花芽,以节约养分。

2. *人工授粉*　在花后 12 个小时内,将授粉品种的鲜花药采集完毕,采集花粉并确保鲜花药的活力。将精选好的鲜花药自然晾干后,收集于小容器中冷藏备用。当设施内桃主栽品种处于开花期时,于每天 9 ~ 15 时,用毛笔、气门芯蘸取花粉进行点授,可提高坐果率。

3. *蜜蜂授粉*　利用蜜蜂授粉可提高坐果率,对增加设施内桃的产量和改善品质作用明显。目前设施内主要利用熊蜂、壁蜂和蜜蜂等进行授粉。在授粉前 2 ~ 3 天将蜂箱移入温室内,使蜜蜂有一个适应环境的过程,在授粉期间保证有充足的饮用水及适量的糖类饲料补充。在授粉过程中最好不打农药,如果确实需要,则必须选用对蜜蜂低毒或无毒的种类,并在打药前一天将蜂箱巢门关闭后移走,待药效过后再将蜂箱搬回。

（二）疏花疏果

在设施内采取各种措施可提高坐果率,还要考虑进行适当地疏花疏果,以保证植株的产量和果实品质。通常可按照结果枝的长度确定留果数量,植株长果枝留 3 ~ 4 个果,中果枝留 2 ~ 3 个果,短果枝留 1 个果。还可依产量定果,结果枝基部 10 厘米内不留果,小果、畸形果、病虫果、双柱头果核并生果全部疏除。另外,注意要增加 5% ~ 10% 左右留果量,防止出现额外的损耗。

四、肥水管理技术

(一)早秋施基肥

最适宜时期为 8 月下旬至 9 月下旬,占全年施入量的 1/3 ~ 2/3,尤其是磷肥,如过磷酸钙等。此时期也要注意叶面喷施硼肥,如硼砂或硼酸。

(二)萌芽前后施肥

补充贮备营养不足,促进萌芽开花提高坐果率。主要以氮肥为主,配施磷、钾肥料。也可以在这个时期叶面喷施锌肥,如硫酸锌等,以预防缺锌造成的小叶病。

(三)花后施肥

此期施肥可提高桃树的坐果率,促进幼果、新梢和根系的生长,避免出现各生长中心的养分竞争。

(四)硬核期施肥

此期是桃树的营养转换期。种胚开始迅速生长,对营养吸收逐渐增加,新梢旺盛生长,为花芽分化作物质准备。以钾肥为主,磷、氮配合,必要条件下可施用微量元素,以保证养分的供给。

(五)果实膨大期施肥

一般是在果实采收前的一个月,此期追肥有利于提高单果重和糖度,应以追钾肥为主,以提高果实的品质和产量。如坐果较多,且有机肥施量少,适量追施氮肥,有利于果实发育,但要配合钾肥,增进果实品质。

(六)果实采收后施肥

此期追肥有利于恢复树势,促进植株根系吸收和花芽分化,补充果实带走的养分。此时施肥应以氮肥为主,配合磷肥、钙肥等。采果后如果树势较弱可施入一些氮、磷、钾复合肥。

五、整形修剪技术

整形修剪是调整植株生长势,实现树体营养生长和生殖生长平衡的重要调控手段之一。通过整形修剪可以控制树冠,调整枝条密度,创造良好的通风透光条件,使桃树在有限的设施空间内良好地生长与结果。

六、树形

设施内常见树形为自然开心形、两大主枝自然开心形、主干形等。

(一) 自然开心形

此树形位于设施内的南北行前部,在相近的一段主干上培养三个主枝,第一、第二主枝与第三主枝错落着生。每个主枝上配置 2 ~ 3 个侧枝而构成一个开心的自然树形。全树高度控制在 1.5 ~ 2.2 米,干高 30 ~ 40 厘米,新梢长到 30 厘米左右时,选择方位适当、长势均衡、上下错落排列的 3 个枝条作为主枝培养,三主枝的水平角度为 120°,主枝与主干的角度为 60° ~ 70°,其长到 25 厘米时进行摘心,共 2 ~ 3 次。特点是主、侧枝从属分明,骨架牢固,通风透光好,产量高,采收管理方便(图 6 - 21、图6 - 22)。

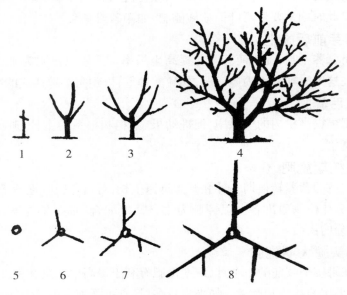

图 6 - 21 自然开心形及其整形过程

1 ~ 3 为第一至第三年整形 4 为完成基本整形侧面图 5 ~ 8 为平面图

图 6 - 22 自然开心形

(二) 两大主枝自然开心形

此树形位于设施内的南北行中部,干高控制 20 ~ 30 厘米,留有相对生长的主枝两个,开张角度 40° ~ 50°,每个主枝上着生 2 ~ 3 个侧枝或直接着生结果枝组,主侧枝均可配置枝组。特点是通风透光好,结果部位多,产量高,品质佳(图 6 - 23)。

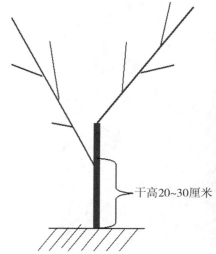

干高20~30厘米

图6-23　两大主枝自然开心形

（三）主干形

此树形位于设施内的南北行后部,可充分利用设施的高度和光照条件。树高度2.5米以上,有明显中心干,5~7个主枝错落着生在树干上,骨干枝级差4:1,主枝单轴延伸无侧枝,直接着生结果枝组。特点是树形结构合理,结果部位分布均匀,可实现水平和垂直方向结实,丰产性好(图6-24)。

七、整形修剪

（一）升温前修剪

疏除扰乱树形的大枝,调整好主枝角度。为保证翌年有较高产量,采用长枝修剪法尽量多留枝、少去枝。疏除或拉平背上中、长果枝,缓放延长枝。长放中、长果枝,短截下垂果枝。疏除无花枝、病虫枝、过密枝、重叠枝。

（二）覆膜期间的修剪

图6-24　主干形

由于设施内高温多湿,萌芽率明显提高,应防止副梢的密集徒长。萌芽时抹去位置不当、过密的萌芽、嫩梢,剪锯口处萌发的新梢也要及时去除。新梢长到20厘米时反复摘心,疏除下垂枝、过密枝、无果枝(图6-25)。

图 6 - 25　疏除过密枝

摘心时留外芽,再长 20 厘米时进行二次摘心,共进行 2 ~ 3 次,最后一次在 8 月末对所有领导枝头摘心。生长季(不能过早,以免引起大量萌发)进行拉枝,调整树冠,疏除背上直立、抽头挡光、竞争枝(图 6 - 26)。

图 6 - 26　疏除背上直立枝

(三)去膜后修剪

桃采果后应对结果枝进行重短截修剪,促发新的结果枝。一般是在结果枝基部留 2 ~ 3 个芽短截,疏去大的结果枝组,并保留 30 厘米左右的新梢 2 ~ 3 个(图 6 - 27)。

图 6 - 27   重短截修剪

更新修剪后极易发生上强现象,导致结果部位外移,应及时疏除上强部位的竞争枝及过密枝,使延长枝呈单轴延伸(图 6 - 28)。

图 6 - 28   疏除强旺枝

八、病虫害管理

(一) 侵染性病害

1. 桃褐腐病　桃褐腐病主要危害果实,很少危害花及枝梢。通常落花后 30 天幼果开始发病。果实染病后果面出现小的褐色斑点,后急速扩大为圆形褐色大斑,很快全果烂透,病部表面长出灰褐色或灰白色霉层,烂病果除少数脱落外,大部干缩呈褐色至黑褐色僵果,经久不落。病菌主要集中在僵果中越冬,经虫伤口、机械伤口和皮孔侵入果实危害。果实近成熟时,如果温度高、多雨、虫伤较多及其他危害时,均能引起该病严重发生。

在防治上除做好清园工作外,可在桃树发芽前喷布 5 波美度石硫合剂或 45% 晶体石硫合剂 30 倍液,落花后 10 天左右喷 70% 代森锰锌 500 倍液,或 50% 多菌灵可湿性粉剂 1 000 倍液,或 70% 甲基硫菌灵可湿性粉剂 800 ~ 1 000 倍液。间隔 10 天喷药 1 次,共喷 3 ~ 5 次,直至果实成熟前一个月左右再喷 1 次药,防治效果很好。

2. 桃炭疽病　主要危害果实,也可危害叶片、新梢。幼果时即可染病,易形成早期落果。幼果染病初为淡褐色水渍状斑,病斑后随果实膨大呈圆形或椭圆形,红褐色,中心凹陷,气候潮湿时,在病部长出橘红色小粒点。成熟期果实染病,初呈淡褐色水渍状病斑,渐扩展,红褐色,凹陷,呈同心环状皱缩,并融合成不规则大斑,全果软腐,易脱落,少数残留在树上。

果实病害以潜伏在僵果内或芽的鳞片上及病枝上的病菌为初侵染源,依靠风、雨、昆虫等方式传播,在设施内管理差,多雨、多雾时易发病。设施栽培管理应注意多施有机肥和磷钾肥,适时夏剪,改善树体结构,通风透光。结合冬剪彻底清除桃树上下的病枝、病叶、僵果等,集中烧毁;及时防治蝽象、食心虫等蛀果害虫,减少伤口。

发芽前一周喷施石硫合剂进行清园,在某些病害大发生时喷施具有针对性的内吸性药剂进行防治。

3. 桃穿孔病　主要包括细菌性穿孔病、霉斑穿孔病和褐斑穿孔病,其中以细菌性穿孔病危害最严重。该病主要危害叶片,多发生在靠近叶脉处,初生水渍状小斑点,逐渐扩大为圆形或不规则形的褐色、红褐色病斑,以后病斑干枯、脱落形成穿孔,严重时导致早期落叶。果实受害,从幼果期即可表现症状,随着果实生长,果面现褐色斑点,后期斑点变成黑褐色,空气湿度大时病斑上有黄白色黏质,干燥时病斑发生裂纹。病菌在枝条的腐烂部位越冬,翌年春天病部组织内细菌开始活动,桃树开花前后,病菌从病部组织中溢出,借风雨或昆虫传播,经叶片的气孔、枝条的芽痕和果实的皮孔侵入。一般年份春雨期间发生,夏季干旱月份发展较慢,到雨季又开始后期侵染。病菌的潜伏期因气温高低和树势强弱而异。

防治桃细菌性穿孔病要选择抗病桃树品种;加强桃园管理,增强树势,清除病枝、病果、病叶;增施有机肥和磷钾肥,避免偏施氮肥;改善通风透光条件,促使树体生长健壮,提高抗病能力;加强药剂防治,发芽前喷 5 波美度石硫合剂,发芽后喷 72% 农用硫酸链霉素可湿性粉剂 3 000 倍液。幼果期喷代森锌 600 倍液,或农用硫酸链霉素 4 000 倍液,6 月末至 7 月初喷第一遍,15～20 天喷 1 次,喷 2～3 次。

（二）非侵染性病害

1. **流胶病**　桃一年生枝发病初期以皮孔为中心产生突起,后扩大成瘤状,上散生针头状黑色小粒点,翌年病斑溢出半透明状黏性软胶,严重时枝条枯死。多年生枝发病后产生水泡状隆起,并有树胶流出,受害处变褐坏死,树势衰弱。该病由寄生性真菌、细菌的危害如腐烂病、炭疽病、疮痂病、穿孔病等引起发病,虫害严重、机械损伤、自然灾害、重修剪、肥水使用不当、土壤黏重、砧木与品种亲和力不良等都容易发生流胶。

防治桃流胶要加强土、肥、水管理,提高土壤肥力,增强树体抵抗能力;及时防治设施桃内各种病虫害;剪锯口、病斑刮除后涂药;合理疏花疏果;可以在生长每 10～15 天喷洒 1 次 72% 杜邦克露可湿性粉剂 800 倍液或 50% 超微多菌灵可湿性粉剂 600 倍液或 70% 超微甲基硫菌灵可湿性粉剂 1 000 倍液,注意交替使用。

2. **缺素症**

（1）**缺氮症**　桃新梢上部幼叶发病较轻,严重时表现为叶片小而硬,呈浅绿色或淡黄色。新梢下部老叶感病初期叶片失绿,后期叶肉产生红棕色斑点,新梢停止生长,皮部呈浅红色或淡褐色。可以采取叶面喷施尿素追肥,生长季前期可喷施 200～300 倍尿素,秋季可喷施 30～50 倍尿素,也可喷施硫铵、氯化铵等速效氮肥。

（2）**缺锌症**　俗称"小叶病"。新梢上小叶簇生,叶片初期正常,后期叶片窄长,产生花斑,果实小而畸形。常在发芽前 3～5 周发生,每株土施 1～1.5 千克 50% 硫酸锌,或在生长期萌芽前、展叶期、落叶前连续叶面喷施硫酸锌矫正。

（3）**缺硼症**　新梢上的叶片变黄卷缩,叶柄易折断。严重时,根系和新梢的生长点枯死,还可能导致缩果病。可以结合秋施基肥,每株土壤追施硼砂 150～200 克,也可以在花前、花期和落花后喷施 0.3%～0.5% 硼砂溶液。

（4）**缺铁症**　新梢嫩叶变黄,叶脉为绿色,呈网状失绿。发病后期叶片失去光泽,叶缘变褐、破裂。应注意排涝,并于发芽喷施 0.3%～0.5% 硫酸亚铁溶液,也可结合秋施基肥,土壤追施硫酸亚铁。

（5）**缺磷症**　发病初期叶片呈深绿色,叶柄变红,叶背叶脉变紫,发病后期叶片呈紫铜色,并表现为舌状叶。可以在温室升温后、覆地膜前、花芽分化前,结合秋施基肥,追施磷酸二铵、过磷酸钙等含磷肥料。也可以在生长季叶面喷施 300～500 倍磷酸二氢钾。

（6）**缺钾症**　发病初期叶缘表现为枯焦,呈灼伤状,叶缘黄绿色。发病后期叶片主脉皱缩、叶片上卷。可以在秋施基肥时土壤追施钾肥,或在花后、花芽分化前、果实膨大期叶面喷施磷酸二氢钾 300～500 倍液。注意温室内喷施时间一般在 10 时前或 16 时后,以防止温室温度过高引起叶片肥害和减低肥效。

（7）**缺钙症**　发病植株表现为幼叶叶片较小,出现褪绿和坏死斑点。发病后期嫩叶叶尖、叶缘和叶脉枯死,或表现为花朵萎缩。可以结合秋施基肥土壤追施氯化钙等速效性肥料,也可以在生长季节叶面喷施 1 000～1 500 倍的硝酸钙溶液。

（三）虫害

危害桃的主要虫害包括蚜虫类、螨类、梨小食心虫和桃红颈天牛等。

1. **蚜虫** 危害桃的蚜虫包括桃蚜、桃粉蚜、桃瘤蚜等。越冬场所主要以卵在桃等果树的枝条腋芽间、裂缝处越冬；桃芽萌发时，卵开始孵化，桃蚜于3月下旬危害，而桃瘤蚜从5月初开始危害，6~7月大发生。

防治方法：结合春季修剪，剪除被害枝梢，刮除粗老树皮，集中烧毁；早春在桃芽萌动、越冬卵孵化盛期时喷药是防治桃蚜的关键。此时应用菊酯类农药氰戊菊酯或其复配剂均匀喷布一次"干枝"，可大大降低蚜虫的危害；在蚜虫发生严重时期，要喷施具有强内吸性的杀蚜剂，有极高的防效。

2. **螨类** 危害桃的螨类包括山楂红蜘蛛、二斑叶螨等。防治红、白蜘蛛要抓住三个关键时期，即发芽前、落花后和麦收前后。发芽前结合冬季管理，清扫落叶，刮除树皮，发芽前喷施一次石硫合剂；谢花后或坐果前依温室内发生情况喷施高效杀螨剂如噻螨酯3 000~5 000倍液、阿维菌素及其复配剂2~4次。

3. **梨小食心虫** 梨小食心虫每年发生3~4代，以老熟幼虫在翘皮处越冬，4月化蛹，卵产在新梢的中部叶片背面，孵化后从顶部第2~3叶蛀入向下取食，造成流胶，树梢干枯，虫转移，1个虫可以危害3~4个梢，幼虫老熟后在翘皮处作茧化蛹，羽化产卵，部分幼虫老熟后，到树皮缝内结茧越冬，部分继续化蛹、羽化，产4代卵，这些幼虫大部分随果实被采集走，继续危害果实及其他树体。

防治梨小食心虫可通过天敌防治捕杀成虫，在蛾子高峰期释放松毛赤眼蜂可以有效防治虫害，也可以在温室内悬挂糖醋液，按红糖：醋：白酒：水=1:4:1:16的比例配置糖醋液，并添加少量敌百虫，可有效诱杀成虫。

4. **桃红颈天牛** 桃红颈天牛2年发生1代，主要危害木质部，卵多产于树势衰弱枝干树皮缝隙中，以幼虫在寄主枝干内越冬，翌年3~4月开始活动，幼虫孵出后向下蛀食韧皮部，6~7月成虫羽化钻出，交配产卵，卵藏在树干基部或粗皮缝内，孵化后在皮下蛀蚀并越冬，翌年春天幼虫恢复活动后，继续向下由皮层逐渐蛀食至木质部表层，初期形成短浅的椭圆形蛀道，中部凹陷。

防治桃红颈天牛可采取成虫捕捉；生石灰、硫黄、水按10:1:40的比例配成涂白剂进行涂白树干防治；9月进行成虫幼虫刺杀防治；药剂防治可于6~7月间成虫发生盛期和幼虫刚刚孵化期，在树体上喷洒杀50%螟松乳油1 000倍液或10%吡虫啉可湿性粉剂2 000倍液，7~10天1次。大龄幼虫可采取虫孔施药的方法除治，用一次性医用注射器，向蛀孔灌注50%敌敌畏乳油800倍液或10%吡虫啉可湿性粉剂2 000倍液，然后用泥封严虫孔口。

第七章

设施樱桃栽培

目前，我国甜樱桃面积突破4 000公顷，辽东半岛以北的冷凉区及辽东和胶东两个半岛丘陵凉润区是甜樱桃栽培最适宜的两个区域，涌现出辽宁省大连市和山东省烟台市等著名樱桃产地，每年的樱桃生产和交易量很大，经济效益十分可观。

第一节　设施樱桃栽培的生产概况

一、设施樱桃栽培的历史

樱桃是北方落叶果树中成熟期最早的树种,素有"春果第一枝"的美称。其果实色泽鲜艳、营养价值高,深受消费者的喜爱。目前,生产中栽培较广的品种为欧洲甜樱桃,于1855年引入我国,20世纪70年代开始进行规模经济栽培。我国的山东省、辽宁省大连地区、天津、北京以南地区、江苏省连云港市至甘肃省天水的陇海铁路沿线地区及云、贵、川等高海拔地区均可以种植塑料大樱桃,是露地甜樱桃的主要栽培区域。设施樱桃栽培始于20世纪90年代,最早在山东烟台市的福山、淄博两区的塑料大棚进行尝试性栽培。到1994年,日光温室甜樱桃品质筛选及设施配套栽培技术成果首先在辽宁省大连市获得成功,加快了设施甜樱桃栽培的发展步伐,并逐渐取得令人瞩目的实际应用效果。

二、我国设施樱桃栽培的现状

设施樱桃栽培是利用特定的人工环境(温度、水分、光照、土壤等受人工调控)将樱桃树加以保护,人为地创造适于樱桃生长发育的环境条件,使樱桃提早上市,从而获得十分可观的经济效益。尽管设施樱桃栽培取得十分显著的效果,但生产上还存在诸如设施管理问题、品种选择及打破休眠问题、土壤盐分积累和土壤浓度障碍及樱桃早期丰产技术等一些亟待解决的问题。

第二节　设施樱桃栽培的品种

一、品种选择原则

樱桃优良品种都有其特定的对周围环境的适应性,设施内樱桃品种的选择有其特殊的要求,只有满足其生长发育的最适条件,其品种的优良性状才能得以发挥,才能获得最大的经济效益。

（一）成熟期的选择

目前,设施生产中多采用促进甜樱桃果实提早上市的栽培模式,要求选择低温需冷量少的早熟和极早熟樱桃品种,以满足市场对鲜果的需求。

（二）树形的选择

相对于樱桃露地栽培,设施内的空间较为有限,自然环境条件与露地差异也很大。因此,受场地和环境条件所限,应注意选择树形矮小、树冠紧凑的樱桃品种。

（三）结果习性的选择

设施内栽培的樱桃应选择成花容易、花粉量大、自花结实率高的品种。生产中还要考虑主栽品种和授粉品种的合理配置,保证设施樱桃的成功栽培。

（四）果实性状的选择

设施甜樱桃栽培应选择外观艳丽、果实大、肉硬、含糖量高和风味好的品种,以满足消费者的需求,获得较大的经济效益。

二、品种

（一）红灯（图7-1）

大连市农业科学研究所培育,亲本为那翁和黄玉。果实肾形,整齐,平均单果重9.6克,最大10.9克。果皮浓红色至紫红色,有鲜艳光泽。可溶性固形物含量17.1%,耐贮运,抗裂果。红灯果实发育期45天,设施栽培成熟期为花后45~50天。定植后4年开始结果,连续结果能力强,丰产性好。是设施栽培的首选主栽品种之一。

图7-1　红灯

(二)拉宾斯(图7-2)

加拿大培育出的樱桃品种。平均单果重8克,最大11.5克,近圆形或卵圆形。果皮紫红色,果肉红色,酸甜适口,可溶性固形物含量16%,抗裂果。拉宾斯果实发育期50天,设施栽培成熟期为花后50~55天。自花结实,连续结果能力强,极丰产。是设施栽培的主栽品种之一。

图7-2 拉宾斯

(三)意大利早红(图7-3)

原产法国的樱桃品种。果实平均单果重6~7克,果形近肾形。果皮浓红色,完熟时为紫红色,有光泽。果肉红色,肥厚多汁,风味酸甜,可溶性固形物含量12.5%,果实发育期40天。可作为设施栽培的主栽品种。

图7-3 意大利早红

（四）佳红（图7-4）

大连市农业科学研究所培育的樱桃品种。果实宽心脏形,大而整齐,平均单果重9.57克,最大11.7克。果皮浅黄色,阳面鲜红色霞纹和较明晰斑点,有光泽,外观美丽。果肉浅黄白色,质较脆,肥厚多汁,风味甜酸适口,可溶性固形物含量19.75%。果实发育期50天左右,设施栽培成熟期为花后50~55天。定植后3年开始结果,丰产性好,果实品质最佳。可作为授粉品种或塑料大棚的主栽品种。

图7-4 佳红

（五）红艳（图7-5）

大连市农业科学研究所培育的樱桃品种。果实宽心脏形,大而整齐,平均单果重8克,最大9.4克。果皮底色稍呈浅黄色,阳面有鲜红色霞纹,有光泽。果肉浅黄,肉质软,肥厚多汁,风味酸甜,可溶性固形物含量18.52%。红艳果实发育期50天左右,设施栽培成熟期为花后50~55天。适宜作设施栽培的授粉品种。

图7-5 红艳

(六) 早红宝石 (图 7 - 6)

乌克兰培育的樱桃品种。果实阔心脏形,平均单果重 6 ~ 7 克,果皮紫红色,果肉紫红色,肉质细嫩多汁,酸甜适口。果实发育期为 27 ~ 30 天,设施栽培成熟期为花后 28 ~ 30 天。可作为设施栽培的主栽品种。

图 7 - 6 早红宝石

(七) 美早 (7144 - 6) (图 7 - 7)

从美国引进的中早熟樱桃品种。果实宽心脏形,果顶稍平,果个大而整齐,平均单果重 9.4 克,最大 11.4 克,果皮全面紫红色,有光泽,色泽艳丽。肉质脆,肥厚多汁,风味酸甜较可口。美早的果实发育期 55 天左右,设施栽培花后 55 ~ 60 天成熟。定植后 3 年开始结果。可作为塑料大棚的主栽樱桃品种。

图 7 - 7 美早 (7144 - 6)

第三节　设施樱桃栽培的生物学习性

一、樱桃枝芽种类及其特性

(一)樱桃芽的种类和特性

櫻桃的芽分为叶芽和花芽。叶芽较瘦长,呈圆锥形到宽圆锥形,所有种类枝条的顶芽,发育枝的叶腋,长中果枝和混合枝的中、上部侧芽均是叶芽。樱桃的花芽较饱满,萌发后开花结果。在花束状果枝、短果枝和中果枝上着生的所有明显膨大的侧芽、长果枝和混合枝基部的数个侧芽通常为花芽(图7-8)。

櫻桃的花芽为纯花芽,每个花芽萌发后可开1~5朵花。开花结果后着生花芽的节位即光秃,不再抽生枝条。所以在先端叶芽抽枝延伸生长过程中,枝条后部和树冠内膛容易发生光秃,造成结果部位外移,尤其生长强旺、枝条角度不好的树容易出现此种情况,在修剪过程中要加以注意。

图7-8　樱桃花芽

(二)樱桃的生长枝和结果枝

櫻桃的生长枝用于形成树冠骨架和增加结果枝的数量,其中前部的芽抽枝展叶,中、后部的芽则抽生中、短枝,形成结果枝。

甜樱桃的结果枝依长度和花芽着生程度可分为五大类：混合枝（长度30厘米以上），除基部几个芽为花芽外，其余芽全是叶芽；长果枝（15～30厘米），除顶芽和枝条先端少数几个侧芽为叶芽外，其余侧芽皆为花芽；中果枝（5～15厘米），除顶芽为叶芽外，侧芽全部为花芽；短果枝（5厘米左右），除顶芽为叶芽外，侧芽全部为花芽；花束状果枝（1～1.5厘米），年生长量有限，顶芽仍为叶芽，侧芽全部为花芽，密集簇生，每年顶芽向前延伸仍形成花束状果枝，连续结果能力极强，以花束状果枝结果的品种枝组紧凑，结果部位外移缓慢，产量高而稳定，结果寿命长。

二、开花与坐果

樱桃是起源于温带的落叶果树，喜温暖而润湿的气候，抗寒力弱，对温度反应较敏感，当日平均气温达10℃左右时，樱桃的花芽便开始萌动，日平均气温达15℃左右即可开花（图7-9）。设施栽培的樱桃整个花期可持续1～2周，此期多处于寒冷的冬季，设施内温度、水分及光照等环境条件对樱桃的坐果率影响很大。因此，要减少设施内温度等条件过大波动，确保授粉受精的正常进行。

图7-9 开花

樱桃果实生长发育过程分为三个时期：第一次速长期、硬核和胚发育期、第二次速长期。果实的第一次迅速膨大期从谢花后至硬核前，在设施中历时4～5周。第二个时期为硬核期，此期从外观上看，果实纵横径增长不明显，果色深绿，果核由白色逐渐木质化为褐色并硬化。此期一定要保证水肥平稳供应，干旱、水涝均易引起樱桃大量幼果黄落。第三个时期为果实的第二次迅速膨大期，此期持续2周左右，此时设施内湿度过大或灌大水，极易引起裂果，影响最终的产量和品质。

三、樱桃对环境条件的要求

（一）温度

樱桃不抗寒，萌芽期最适宜的温度在10℃左右，开花期15℃左右，果实成熟期

20℃左右。冬季温度在 -20 ～ -18℃时,甜樱桃即发生冻害。樱桃花蕾着色期遇 -1.7℃低温,开花期和幼果期遇 -2.8 ～ -1.1℃低温,都会发生冻害,轻者伤害花器、幼果,重者导致绝产。

(二)水分

樱桃既不抗旱又不耐涝。土壤含水量过大,可引起叶片萎蔫变色。干旱还易引起大量落果,尤其可引起硬核期樱桃大量黄落,严重者可造成50%以上的减产。同时,樱桃又是不抗涝的树种,其根系对土壤通气状况要求甚高,雨季土壤积水,极易引起死枝、死树。花期空气湿度过大往往导致花药不开裂,授粉不良,坐果率下降。土壤湿度过大也是引起树体流胶的重要原因之一。

(三)光照

樱桃是喜光性强的树种之一,光照不足,易导致樱桃的枝、叶生长发育不良,叶片大而薄,光合能力弱。枝条变细,叶芽发育不良,尤其侧芽发育更差,难以成花。因此,樱桃整形修剪时应充分考虑其对光照条件的较高要求,根据设施的空间分布条件,采取合理的树形结构,严防树冠郁闭。

(四)土壤

由于樱桃根系分布较浅,对土壤条件要求较高。最适宜土层深厚、土质疏松、肥沃,保水保肥力强的沙壤土或砾质壤土。在黏重土壤、瘠薄沙质土壤条件下,樱桃生长状况不良。甜樱桃耐盐碱的能力较差,适宜土壤 pH 为 6.0 ～ 7.5。

第四节　设施樱桃的建园技术

一、园地选择与设施规划

(一)园地选择

樱桃生产园地应在生态条件良好、远离污染源、背风向阳、土质肥沃、土层深厚、取水用水方便、便于排灌、交通方便并具有可持续生产能力的农业生产区域,同时要符合农产品安全质量无公害水果产地环境的要求。

(二)日光温室规划

在沈阳地区栽培大樱桃应选择辽沈Ⅰ型日光温室及冬季保温条件好的温室。

(三)塑料大棚规划

大棚跨度一般为 8 ~ 11 米,长度 60 ~ 80 米,脊高 3 ~ 3.5 米,占地面积在 667 米² 左右。大棚两端设作业门,顶部、两侧设通风窗,通过开、关门窗实现通风。作业门的大小约为 1.5 × 0.7 米,通风窗为 0.8 × 0.5 米,间距 5 ~ 8 米。一般定植后第三年开始扣棚。多采用钢筋水泥柱作为立柱,立柱至少要埋入地下50厘米,立柱的行距和柱距分别为2米和3米。

二、栽植时期

设施樱桃应该在植株落叶后和发芽前的时间段内进行移栽。需要注意的是在辽宁省中北部地区樱桃不能正常露地越冬,故越冬前移栽后应立即覆盖保温材料,防止发生越冬冻害。

通常樱桃幼树移栽后第三年才能进入结果期,投资回报期较晚。为了提早获得经济效益,目前生产上多定植4~5年生已经形成大量花芽的幼树,在设施内经过一年的生长发育,翌年1月即可加温进行樱桃生产。

三、栽植方法

设施内除了主栽品种外,授粉树的配置对提高樱桃的产量也非常重要。在设施樱桃生产中,通常每栋温室中栽植3个以上品种,以利于相互授粉,即每隔3~5行栽植1行授粉树。在温室中栽植应该起高垄或高台进行根系限制栽植,这样既有利于增加地温,又有利于降低湿度,垄或台高度应在40~50厘米,宽度在1.2~1.5米。樱桃植株定植的距离为株距1.5~2.0米,行距2~2.5米(图7-10)。

图7-10 高垄栽植

樱桃根系对水分条件较为敏感,在沙质壤土中栽植樱桃,应在垄或台内填入有机质含量高的土壤,施足腐熟的有机肥,并充分拌匀。回填后用大水沉实,然后再按苗木根系的大小挖坑,剪掉苗木的病伤根,并将所有根系剪出新茬,这样有利于发生大量新根。将樱桃苗木移入栽植坑后,用土回填至苗木的根茎处,修好灌水盘,浇足水。在苗木两侧铺设滴灌管,然后覆盖黑色地膜封闭垄或台面。这样既有利于进行小水灌溉,防止降低地温,又有利于降低环境湿度,防止病害发生。

第五节　设施樱桃栽培促花技术

一、施肥、浇水技术

新定植的樱桃树在确定株行距后,可按行向挖深50厘米、宽15厘米的通沟,将肥料混入,全园施入有机肥3 000千克、复合肥80千克。定植后平整树盘,及时灌透水。成龄植株于6月底每亩施复合肥料60千克,叶面喷0.3%磷酸二氢钾,每7天喷一次,连续喷3次,促进植株的花芽发育水平。成龄树于升温前灌一次透水,花前和果实硬核后补灌少量水,采收后灌一次透水,少量补水的标准是4~5年生树每次每株灌水量30~40千克,6年生以上40~60千克,覆地膜的补水量减半。揭除棚膜以后,灌水量与灌水时间依降雨状况而定,土壤水分经常保持田间最大持水量的60%左右。

二、修剪促花技术

(一)刻芽

刻芽处理于芽体萌发前进行,用果树刻芽刀或钢锯条,在芽上方0.5厘米处进行刻伤,要求深达木质部,以利于发出枝条补充空间或促发形成中、短果枝。

(二)摘心

摘心处理在樱桃枝条半木质化以前进行,主枝延长头长到30厘米时,新梢留20厘米进行摘心,摘心处理进行1~2次,使之多发二次枝,以利于迅速扩大树冠(图7-11)。对于预留的结果枝组新梢长到20~25厘米时,新梢留10厘米进行摘心处理,以利于促发分枝,形成各类结果枝。

图7-11　摘心

(三)扭梢

扭梢处理在樱桃枝条半木质化之前进行,当新梢长到20厘米左右时,将枝条扭至90°左右,改变枝条角度来缓和生长势(图7-12)。处理时注意不要折断枝条,主枝竞争枝和背上直立枝多采用此处理方法。

图 7 – 12 扭梢

（四）拉枝

樱桃枝条于当年 9 月或翌年 4 月进行拉枝处理，拉枝后使分枝角度至 80°~90°。枝条拉平目的在于缓和枝条的生长势，多促发中、短枝，以利于形成花芽（图 7 – 13）。

图 7 – 13 拉枝

第六节　设施樱桃栽培调控技术

一、设施休眠调控技术

樱桃自落叶开始即进入休眠期，必须经过一定时期的低温冷量打破休眠，才能顺利萌芽、开花、结果。若低温冷量不足，则表现萌芽晚或萌芽不整齐，生长发育不正常,严重影响樱桃果实的产量及品质。

在辽宁省中北部地区樱桃自然落叶后,可于11月初将日光温室覆盖塑料薄膜,并盖好草苫,通过开闭通风口来调节设施内的温度,使设施内温度保持在0~7.2℃,以便顺利通过休眠期。在山东省等其他樱桃产区,在秋季樱桃落叶前,将叶片人工去掉,提前覆盖塑料薄膜和草苫,设施内放置冰块降温,调控设施内温度在0~7.2℃,以便提早打破休眠。

二、环境管理技术

(一)温、湿度管理

1. **萌芽期**　樱桃芽体打破休眠后即可进入升温管理阶段。此阶段白天揭开草苫,温度保持在10~15℃,最高不超过25℃,傍晚放下草苫,夜间温度控制在2~5℃,最低温度不得低于3℃。需要注意的是开始升温的幅度不宜过急,温度不宜过高,否则容易出现先展叶后开花和雌蕊先出等生长倒序现象,应保持设施内温度呈梯度上升趋势。此期设施内的空气相对湿度应保持在70%~80%,湿度过低,易导致萌芽、开花不整齐。

2. **开花期**　此时期设施内空气温度应保持在15~20℃。最高温度不得超过22℃,最低温度不得低于5℃,以防受精不良或发生冻害。此期湿度应适当降低,一般空气相对湿度保持在50%~60%为宜。空气相对湿度过低,花器柱头干燥,对授粉受精不利;空气相对湿度过高,花粉不易散出,影响授粉效果。

3. **落花到果实膨大期**　此时期设施内空气温度应保持在20~22℃,最高温度不得超过25℃,最低温度不得低于10℃。空气相对湿度继续保持在50%~60%,以利于果实的正常膨大。

4. **果实着色到果实成熟期**　果实发育是干物质积累的过程,温度的高低和温差大小对其影响至关重要。设施内樱桃果实开始膨大以后,白天空气温度应控制在18~20℃,最高温度不得超过25℃,夜间空气温度保持在15℃左右,昼夜温差10℃以上,减少夜间呼吸消耗,增加物质积累,促进果实快速发育,此期温度过高会影响果实继续膨大和果实着色。此期的空气相对湿度继续保持在60%~70%,以利于果实的正常成熟。

(二)温、湿度控制措施

1. **增温保温**　设施温度管理期间,常处于冬季低温阶段,为了保证设施内有适合的空气温度,夜间要覆盖草帘或保温被,白天揭开覆盖物。遇到低温天气时,可采取适当的补温措施,确保设施内的温度不致下降得过快。

2. **降温**　冬季近中午时,设施内的空气温度往往过高,影响果树和果实的发育,应及时扒开棚膜的上下风道,快速降低室内的温度,也可使用遮阴设备进行遮光降温。

3. **降温**　设施内为密闭的小环境,往往容易出现空气相对湿度过大的现象,影响树体的发育和滋生病菌。因此,设施内的水分管理尤为重要。可少浇水或小水勤浇,不要大水漫灌。设施内空气相对湿度过大时,要及时扒放棚膜的上下通风道通风排湿,也可于棚内适当用瓷器堆放优质石灰,减少空气相对湿度。

(三)光照调控技术

在樱桃生产的每个生长季,最好使用新的覆盖棚膜,棚膜种类最好为无滴膜;光照管理过程中及时清除棚膜外表面的灰尘,早揭晚放外覆盖防寒材料(草帘等),尽量减少支柱等附属物遮光。同时加强树体的夏季修剪管理,减少无效梢叶的数量。阴天尤其是连续阴天可采用高压钠灯等人工光源进行补光。

(四)气体管理技术

设施内二氧化碳浓度的日变化较大,单靠设施内空气中的二氧化碳浓度很难满足樱桃树生长发育的需求。因此,需要在晴天 9 ~ 11 时,采用温室气肥增施装置补充二氧化碳,适宜浓度为 800 ~ 1 000 毫克/千克,还可利用有机肥分解产生二氧化碳,弥补设施内二氧化碳含量不足。

三、花果管理技术

(一)提高坐果率

1. **蜜蜂授粉** 樱桃是较为典型的异花授粉树种,棚室放熊蜂、壁蜂和蜜蜂等可以提高授粉效率,大大提高樱桃的坐果率(图 7 - 14)。

图 7 - 14 蜜蜂授粉

2. **人工授粉** 设施栽培的樱桃树花量大,采取人工点授困难较大,生产上利用简易授粉器进行人工授粉,也可用鸡毛掸子来代替。设施内樱桃授粉要多次进行,一般从初花至盛花末期要进行 3 ~ 5 次,以保证开花时间不同的花朵均能及时授粉(图 7 - 15)。

图7-15　人工授粉

　　3.花期喷硼　硼元素对雌蕊柱头萌发有重要的促进作用。生产中可在樱桃盛花期喷一次0.3%硼砂液,提高坐果率和果实品质。

(二)疏花疏果

图7-16　疏花疏果
1.疏花前　2.疏花后　3.疏果前　4.疏果后

樱桃花芽膨大未露花朵之前,将花束状果枝上的瘦小花芽疏除,每个花束状果枝保留 3~4 个花芽。花朵露出时,疏除花苞中瘦小的花朵,每个花苞中保留 2~3 朵花,果实硬核后疏除小果和畸形果(图 7－16)。

四、肥水管理技术

(一)秋施基肥
樱桃是喜肥的树种,植株对养分的需求量很大,秋施基肥可满足植株对养分的需求。生产中秋施基肥通常在 8~9 月进行,以腐熟农家肥为主,加入少量磷肥。幼树每株 5 千克,结果树每株 20 千克左右。

(二)萌芽前
为了补充樱桃树体的养分,可在萌芽前进行"打干枝"处理。即以浓度为 0.5%磷酸二氢钾喷布樱桃树体,促进养分的吸收。

(三)花前追肥
此期可每亩施尿素 80 千克,满足樱桃正常开花的养分需求。

(四)花后追肥
花后樱桃幼果膨大期,叶面喷布一次 0.3% 尿素。间隔 10 天左右,地下结合灌水追施腐熟豆饼水、猪粪尿等,以利于果实膨大。

(五)灌水
日光温室樱桃栽培的灌水方式以地膜覆盖、膜下灌水为最佳灌水方法,应采取小水勤灌的方式,尤其要在开花前、果实膨大期、果实采收后及时灌水(图 7－17)。

五、整形修剪技术

设施内樱桃植株的生长量大,通过整形修剪可以控制树高度和树冠宽度,调整枝条密度,减少无效枝条的比例,创造良好的通风透光条件,使樱桃植株在有限的空间内正常生长与结果。

图 7－17　滴灌

(一)树形
1. 开心形　该树形树高 1.5~1.8 米,干高 30~40 厘米,全树有主枝 3~5 个,无中心领导干,每个主枝上有侧枝 6~7 个,主枝与主干呈 30°~45°倾斜延伸,在各级骨干枝上培养结果枝组(图 7－18)。此树形主要定植在设施内南北行向的前部。

图7-18 开心形

2. **主干形** 该树形树高2~2.5米,干高30~50厘米,有中心领导干,在中心领导干上培养10~15个单轴延伸的主枝,下部主枝长1.5~2.0米,向上逐渐变短,主枝自下而上呈螺旋状分布,主枝基角80°~85°,在主枝上直接着生结果枝组(图7-19)。此树形主要定植在设施内南北行向的中、后部。

(二)整形修剪

1. **生长期修剪**(图7-20、图7-21、图7-22、图7-23)

此期修剪于设施内樱桃花后15天直至落叶前。在新梢半木质化之前,对主枝和侧枝的背上直立新梢,留10厘米摘心或拿枝。旺长的延长枝新梢摘去先端幼嫩部分,延长枝多次拿枝和拉枝。过密枝拉向缺枝方向疏除。剪锯口处过多萌蘗及时摘除。

图7-19 主干形

图7-20 扭梢   图7-21 环剥

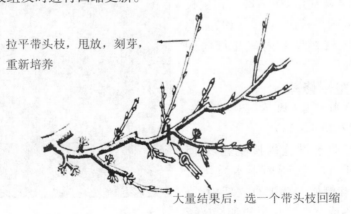

图7-22 拉枝   图7-23 摘心

2.休眠期修剪（图7-24） 此期修剪主要于落叶后到枝条萌芽前。对骨干枝的延长枝适度短截或甩放。疏除竞争枝,回缩细弱枝,背上直立枝留1~2厘米短桩疏除。对结果枝组及时进行回缩更新。

拉平带头枝,甩放,刻芽,
重新培养

大量结果后,选一个带头枝回缩

图7-24 休眠期修剪

第七节　设施樱桃栽培病虫害管理

一、病害

（一）侵染性病害

1. 樱桃叶片穿孔病　樱桃叶片穿孔病主要有细菌性穿孔病和褐斑穿孔病两种。细菌性穿孔病主要危害樱桃的叶片，初为水渍状半透明淡褐色小病斑，后发展成深褐色，周围有淡黄色晕圈的病斑，边缘发生裂纹，病斑脱落后形成穿孔或相连。樱桃褐斑穿孔病初发病时有针头大的紫色小斑点，以后扩大并相互联合成为圆形褐色病斑，病斑上产生黑色小点粒，最后病斑干缩，脱落后形成穿孔。

樱桃叶片穿孔病防治要与冬季结合修剪，增加树体通风透光条件；注意增施有机肥料，避免偏施氮肥；药剂防治一般于花后半月开始每隔 10～15 天喷 1 次 72% 农用链霉素可湿性粉剂 3 000 倍液或 90% 新植霉素 3 000 倍液。

2. 樱桃流胶病　流胶病为樱桃的致命病害，多与土壤通气状况不良和果园积水有关。冻害、病虫害、机械损伤、渍水、施肥不当等原因易引起树体生理失调导致流胶。另外，与樱桃树树势衰弱和机械伤口有直接的关系。此病多发生于主干和主枝处，初发期感病部位略膨胀，逐渐溢出柔软、半透明的胶质，湿度越大发病越严重，胶质逐渐呈黄褐色，干燥时变黑褐色。在生产作业中，尽量避免对树体造成伤口，拉枝时防止劈裂。中耕除草应浅锄，勿损伤大根。树体如果有较大的伤口，发芽前应将流胶部位组织刮除，伤口涂 45% 晶体石硫合剂 20 倍液，然后涂铅油保护起来。干旱时宜少量多次浇水，并注意防止涝害。

3. 樱桃根癌病　根癌病为细菌性病害，是樱桃根部发生的重要病害之一。樱桃根癌病肿瘤多发生在表土的下根颈部、主根与侧根连接处或接穗与砧木愈合处。病菌从伤口侵入，形成肿瘤。初期肿瘤乳白色或略带红褐色，后期内部木质化，颜色渐深变成深褐色，质地较硬，表面粗糙，并逐渐龟裂，多为球形或扁球形。患病后期树势变弱，病株生长矮小，严重时全株干枯死亡。根癌病的防治以预防为主，对有病苗木应予烧毁，或用放射土壤杆菌（K84）生物农药沾根；对已发病的大树，可切除根瘤，然后用 K84 涂抹伤口。同时，还要将周围的土壤挖走，换上新土，防止病原细菌传播。

4. 樱桃褐腐病　樱桃褐腐病又称樱桃灰星病，是引起樱桃果实腐烂的重要病害。主要危害樱桃的叶片和果实。叶片染病初期在病部表面现不明显褐斑，后扩及全叶，上生灰白色粉状物。染病果实表面初现褐色病斑，后扩及全果，致果实收缩，成为灰白色粉状物，病果多悬挂在树梢上，成为僵果。防治樱桃褐腐病时注意收集病叶和病果集中烧毁或深埋减少菌源;合理密植及修剪,改善通风透光条件,避免湿气滞留;开花前或落果后喷77%可杀得可湿性微粒粉剂500倍液或50%速克灵可湿性粉剂2 000倍液。注意采收前半个月内禁止使用农药。

(二)非侵染性病害

1. **缺素症** 樱桃在生长发育过程中,既需要大量元素,也需要微量元素。当树体缺乏某种元素时不能正常生长发育,叶片就表现出相应的病症。在生产中通过施加不同种类的肥料给予补充,可缓解其症状,恢复植株的正常生长。

(1)缺氮症 樱桃植株缺氮可导致叶片呈淡绿色,老叶呈橙色或紫色,早期脱落。果少且小,果实着色度高。防治时可以单独追施氮肥矫正。

(2)缺钾症 樱桃植株缺钾可导致叶片边缘枯焦,多发生在夏季,在老树的叶片上先发现边缘枯焦。果实缩小,着色不良,易裂果。防治时可以在生长季喷施0.2%~0.3%磷酸二氢钾或土壤追施硫酸钾矫正。

(3)缺锌症 樱桃植株缺锌导致新梢顶端叶片狭窄,枝条纤细,节间短,小叶丛生,呈莲座状,叶脉偶发呈白色或灰白色。防治时可以采取土壤追施硫酸锌或叶面喷布0.2%~0.4%硫酸锌矫正。

(4)缺硼症 樱桃植株缺硼易出现枝条顶枯,叶片窄小,锯齿不规则。坐果率降低,根系停止生长。防治时可以采取叶面喷施硼肥或者土壤追施硼砂加以矫正。

(5)缺镁症 缺镁影响叶片叶绿素的合成,呈现叶片失绿症。缺失严重时,新梢叶片叶脉失绿并早期脱落,造成果实可溶性固形物、维生素C含量也降低。矫正缺镁症可以叶面喷施0.2%~0.4%硫酸镁或土壤追施硫酸镁。

二、虫害

1. **螨类** 樱桃结果期在叶片背面经常有白蜘蛛危害叶片,在果实采收后常见红蜘蛛危害叶片,严重时可使叶片失绿,影响光合作用。生产上可用800倍阿维菌素防治。

2. **金龟子类** 金龟子类害虫常危害樱桃的幼叶、幼芽、花和嫩枝等。可以利用成虫假死的习性,在每天的早晚用振落的方法捕杀成虫,或用3 000倍氰戊菊酯进行喷布。

3. **毛虫类** 毛虫类是危害樱桃叶片的一类虫害。幼虫暴食叶片,严重时将叶片全部吃光,仅剩叶柄或叶脉。在群居的幼虫未分散前剪除幼虫群居的枝条。幼虫分散后可喷布氰戊菊酯。

4. **桑白蚧** 桑白蚧危害枝条和树干后,造成樱桃树势衰弱,严重时枝条干枯死亡。可在樱桃发芽前喷5%重柴油乳剂或结合修剪,剪除有虫枝条,或用硬毛刷刷除越冬成虫。若虫孵化期可喷药防治。可喷布45%晶体石硫合剂120倍液,或洗衣粉600倍液。采收后可喷布28%蚧宝乳油1 000倍液,或40%速蚧杀乳油1 000倍液防治。

第八章

设施杏栽培

　　杏是早春水果，不耐贮运，所以开展设施栽培，进行反季节供应就更有意义，而且杏童期短、结果早、产量高，易于管理，被认为是最具有设施栽培价值的树种之一。利用各种设施条件进行杏树栽培，可使杏果实提早成熟上市，延长鲜果供应期，而获得更高的经济效益。

第一节　设施杏栽培的生产概况

一、设施杏栽培的历史

杏原产于亚洲西部和我国华北、西北地区,是北方地区重要的落叶果树之一,其果实甘甜适口,具有较高的营养保健价值,是继樱桃之后上市的早熟果品,对丰富鲜果淡季供应有重要作用。杏树常规露地栽培,一般在 5 月底至 7 月初成熟上市,货架期仅 2 个月。早在 20 世纪 80 年代初期,意大利、日本就已经开始进行设施杏栽培的系统研究,取得了较大进展。近年来,我国的山东、河南、河北等地也开展了设施杏栽培的研究,取得了较大的成绩。

二、设施杏栽培的现状

近年来,随着草莓、葡萄、桃及樱桃等树种设施栽培的快速发展,设施杏的栽培逐渐显现出后发优势。杏栽培的新趋势是设施栽培,在露地尚不能生产果品的季节,利用温室大棚等保护地设施人为地创造一个适于果树生长的环境进行果品生产。由于其在调节市场供应、满足人民需求、提高果品产量及质量和商品率、提高经济效益中的作用越来越受重视,因此,已成为国内外高效农业的一个重要增长点。

第二节　设施杏栽培的品种

一、品种选择原则

大多数杏品种具有高度自花不结实及雌蕊败育率高等缺点,加之密闭设施内缺乏良好的昆虫媒介,造成杏的自然坐果率极低,严重影响了设施杏栽培的发展。因此,选择雌蕊败育率花比例低、自花结实能力高、适应设施栽培的杏品种,是成功进行设施杏栽培的重要环节之一。

二、品种

(一)凯特杏(图8-1)

美国品种,果皮底色浅黄,果面橙黄色,有光泽,极美观;果肉黄色,可溶性固形物含量可达16%,味甜可口,鲜食品质极佳。3~4年进入盛果期,单果重105克,疏花疏果后平均单果重可达230克以上;雌蕊败育率低、自花结实率高,果实发育期85天左右。

图8-1 凯特杏

(二)金太阳(图8-2)

美国品种,单果重85克,疏花疏果后平均单果重可达130克以上。味浓甜,可溶性固形物含量15%,果皮橙黄着红晕,肉细汁多,味极佳,丰产稳产性好。果实发育期75天左右。

图8-2 金太阳

(三)黄金杏(图8-3)

黄金杏是山东省果树研究所从意大利杏系列品种中发现的新品种,2002年通过鉴定和品种审定。果实中等大,单果重50克,大小极整齐。果实椭圆形。果面光滑,橙红色,全面着色均匀。果肉橙红色,汁液中等,肉质松脆。含总糖8.8%,风味酸甜适中,品质上,离核。果实发育期70天左右。结果早,雌蕊败育率低、自花结实率低,有授粉树时极丰产。适应性强,抗病,适合大棚和日光温室栽培。

图8-3 黄金杏

(四)大棚王杏

山东省果树研究所1993年从美国引入的早熟品种。果实属特大果型,可溶性固形物含量12.5%,平均单果重120克,最大果重可达200克,单株产量可达45千克。果实长圆形或椭圆形,果面较光滑,有细短茸毛,底色橘黄色,2/3果面鲜红色。各类果枝均能结果,以短果枝结果为主,自花结实力较强,易成花,产量高。

(五)新世纪(图8-4)

山东农业大学培育的品种,果实卵圆形,平均单果重73.5克,最大108克。果皮底色橙黄色,肉质细,香味浓,风味极佳,含可溶性固形物15.2%,品质上等。具有自花结实能力,开花晚,成熟早。

图8-4 新世纪

第三节　设施杏栽培的生物学习性

一、根系

杏一般以桃、李、杏为砧木,主要分布在距地表 20～40 厘米处,水平根分布范围比树冠直径大 1～2 倍(图 8－5)。一年中根系生长活动早于地上部分生长,停止生长晚于地上部分。当土壤温度在 5℃时,细根开始活动;土温稳定在 18～20℃时,开始第二次生长,生长量小;土温低于 10℃时,根的生长减弱,几乎停止。

图 8－5　杏根系

二、枝芽种类及其特性

(一)芽的种类

杏树的芽分为叶芽和花芽,花芽为纯花芽,每一花芽内有 1 朵花。芽的着生方式有单生芽和复生芽两种。复芽有 1 个花芽和 1 个叶芽并生,也有中间为叶芽、两侧为花芽的三芽并生。一般长果枝的上端及短果枝各节的花芽为单芽,其他枝的各节多为复芽。杏树单芽和复芽的数量、比例、着生部位与品种、营养及光照有关。芽具有早熟性,很容易抽生副梢,发生二次枝、三次枝,在副梢上也能形成花芽。利用杏芽的早熟特性,可以扩大设施内杏树树冠及形成结果枝组。杏花蕾如图 8 − 6 所示。

图 8 − 6　杏花蕾

(二)枝的种类

杏树的枝条分为结果枝、营养枝和徒长枝。杏树枝条的生长能力和更新能力比其他核果类树种强。

1. 结果枝(图 8 − 7)　结果枝是杏树的结果单位,其上着生花芽和叶芽。根据其长度可以分为长果枝(大于 30 厘米)、中果枝(15 ～ 30 厘米)和花束状果枝(2 ～ 3 厘米)。

图8-7　结果枝

2. **营养枝**(图8-8)　营养枝又称发育枝。其上只着生叶芽,多生于大枝的先端作为延长头。营养枝生长期长、生长量大,有明显的二次生长,对于扩大树冠、维持树体、健壮长势、及早形成花芽和早果丰产,都有明显效果。

图8-8　营养枝

3. **徒长枝**　杏树树冠内部大枝萌生的生长强旺的直立性营养枝,该类枝条生长速度快,节间较长,易扰乱树形,影响树体的通风透光。徒长枝一般不形成花芽,且消耗养分多,夏季修剪时注意加以控制。

三、物候期

(一) 开花

当日平均温度8℃以上时杏树花芽开始萌动(图8-9),10℃以上时开始开花(图8-10)。花期遇-2℃以下的低温雌蕊受冻。一朵花的花期2~3天,全株花期8~10天,花期遇到低温、干旱、病害等花器就会受到伤害,引起花朵脱落。设施内进行环境条件管理时,要注重花期温度的调控。

图8-9 萌芽

图8-10 开花

（二）新梢生长

设施内空气温度在 10℃以上时,杏树叶芽萌发,枝条开始旺盛生长。当果实进入硬核期,新梢生长渐慢。当硬核期结束,果实进入第二次生长高峰时,新梢几乎完全停止生长。果实成熟采收后,新梢又有一次迅速生长期。杏树生长季日常管理期间,要根据新梢生长发育规律,制定相应的设施内调控措施。

（三）休眠

杏从落叶(在 10 月旬中至 11 月上中旬)开始进入休眠期,此阶段通过覆盖材料的揭放,控制设施内的空气温度。一般杏品种需要经历 7.2℃以下低温 800~1 000 小时,可渡过自然休眠期。

第四节 设施杏栽培建园技术

一、园片与设施规划

（一）设施选址

设施杏栽培用的园地一般选择背风向阳、土质肥沃、土层深厚、排灌便利且交通方便的地块,注意选择避开易涝和排水不畅地段,防止发生内涝。

（二）日光温室

目前,国内日光温室主要采用由沈阳农业大学设计的辽沈Ⅰ型日光温室、熊岳农业高等专科学校设计的熊岳第二代节能日光温室等第二代节能型日光温室。

（三）塑料大棚

简易塑料大棚的构造所建大棚为南北拱圆式大棚,跨度为 10 米,长度为 60 米,大棚顶高 2.5 米,肩高 1.5 米。采用钢筋水泥柱作为立柱,竹竿做拱架和悬梁。共 5 行立柱,主柱行间为 2.5 米。边行立柱间距为 1 米,中间 3 行立柱间距为 3.0 米。在中间 3 行立柱上方分别设置一条悬梁,并在每两个立柱之间每隔 1 米在悬梁上安置一个 20 厘米的吊柱。大棚膜选用无滴膜,棚膜幅与幅之间相互压茬。在每 2 个拱架中央用一条压膜线压紧,通风时在棚肩部两幅棚膜压茬处掀开一条缝隙即可。塑料大棚具有造价低廉、空间较大、透光性好、作业相对方便等优点。

（四）土壤改良

设施内的土壤需要经过改良后方可栽植苗木。结合温室内的土壤深翻,施入充分腐熟的鸡粪 3 000 千克或土杂肥 4 000 千克,配施氮、磷、钾复合肥 100 千克,将土、肥混匀后备用。

（五）起垄栽植（图 8 – 11）

设施杏栽培采取台式栽植的方式。垄台规格为上宽 40 ~ 60 厘米，下宽 80 ~ 100 厘米，台高 60 厘米，台内填充物以人工配制的基质堆积而成。人工基质配制本着"因地制宜、就地取材"的原则，利用粉碎、腐熟的作物秸秆、锯末、炭化稻壳草炭、草炭、食用菌下脚料、腐叶土及其他有机物料，并混入一定的肥沃表土和优质土杂肥配制而成。

图 8 – 11　起垄栽植

二、栽植密度

设施杏栽培主要采用南北行向，常用栽植密度为（1.5 ~ 2.0）米 ×（2.0 ~ 2.5）米（图 8 – 12）。

图 8 – 12　栽植密度

三、栽植时期与栽植方法

苗木的定植一般在春季土壤化冻后至苗木发芽前进行。若此时设施内还栽有其他作物或正待建立,可选取长势健壮、大小一致的苗木,先将其暂时假植在花盆或编织袋中进行蹲苗抚育(图8-13)。经抚育的杏苗木定植后,几乎没有缓苗期,且苗木成活率高。栽植苗木时要注意埋土并提苗,使根系与土壤紧密结合,防止出现"吊根"现象。苗木定植后及时浇透水,待水完全渗透后台面封土,并覆盖黑色地膜,膜下采用滴灌或渗灌。在整个生长季要注意肥水管理、病虫害防治、中耕除草,并注意夏季的整形修剪。

图8-13 抚育大苗的栽植方法

四、授粉树的配置

设施杏栽培需要合理配置授粉品种,以提高坐果率。设施内授粉树一般要占苗木总量的40%~50%,最低不能少于30%,最好是几个品种等量相间栽植,这样能最大限度满足授粉要求。

第五节 设施杏栽培促花技术

一、施肥浇水技术

(一)施肥

设施杏树的萌芽、展叶、开花、结果、新梢速长期,都集中在生长季的前半期。因此,越冬以前树体营养状况的好坏,直接影响树体的生长发育。根据杏树发育特点,秋施基肥和花果期及果实采收后追肥必不可少。一方面满足当年树体发育对养分的需求,另一方面对花芽形成有促进作用。

(二)浇水

设施内的浇水管理通常结合起垄覆盖地膜同时进行。水分供给应少量多次,全年灌水可分为花前水、催果水(果实膨大期)、采后水和封冻水。前几次灌水量不要太大,以免新梢徒长,影响养分的积累,不利于花芽分化(图8-14)。

图 8-14 膜下灌溉

二、修剪促花技术

(一)刻芽

在杏树发芽前,用刀、剪在骨干枝的缺枝部位进行刻芽,深达木质部,以利于发出骨干枝或多发短枝。

(二)摘心

杏树摘心在枝条半木质化前进行处理。主枝延长头进行1~2次摘心,使之多发二次枝,以利于迅速扩大树冠。其他新梢长到20~30厘米时摘心,整个生长季进行3~4次,使之促发多次分枝,增加杏树的枝量和枝组形成(图8-15)。

图8-15 摘心

(三)扭梢

扭梢在杏树新梢半木质化之前处理。当新梢长20厘米左右时进行扭梢,将枝条扭至90°左右即可。

(四)拉枝

于当年9月或翌年4月进行拉枝处理,使之分枝角度为80°~90°(图8-16)。通过枝条处理可缓和枝条生长势,多发短枝,以利于形成花芽。

图8-16 拉枝

第六节　设施杏栽培调控技术

一、设施杏休眠调控技术

一般可于 11 月中旬将日光温室盖好塑料薄膜,并盖上草帘。通过开、闭风口来调节设施内的温度,使设施内的空气温度保持在 0 ~ 7.2℃,以便满足所定植杏品种的低温需冷量,顺利通过休眠期。也可通过设施内放置冰块集中预冷和石灰氮处理方式快速打破休眠,提早进行升温管理。

二、环境管理技术

(一)温度管理

1. 升温至萌芽　可于 12 月下旬或翌年 1 月上旬揭开覆盖的草帘升温。设施内白天空气温度保持在 12 ~ 15℃,最高不超过 20℃,夜间空气温度维持在 3 ~ 5℃。

2. 萌芽至开花　此时期白天空气温度控制在 15 ~ 18℃,最高不超过 25℃,夜间空气温度维持在 5 ~ 6℃。

3. 落花至果实膨大期　此时期白天空气温度最适为 18 ~ 22℃,最高不要超过 25℃,夜间空气温度最低不低于 10℃。

4. 从果实上色至果实采收期　此时期白天空气温度控制在 20 ~ 22℃,最高温度不要超过 25℃,夜间空气温度保持在 15℃左右,以利于果实着色。

(二)湿度管理

从升温至萌芽期,设施内的空气相对湿度控制在 70% ~ 80%,不宜过低,否则萌芽和开花不整齐。从开花期至果实膨大期的相对湿度可控制在 50% ~ 60%,不宜过高,否则不利于授粉受精。果实着色成熟期的相对湿度宜保持在 50% ~ 60%。

(三)光照调控技术

每年最好使用新棚膜,以聚氯乙烯无滴膜为主,注意及时清除棚膜上的灰尘,早揭晚放外覆盖防寒材料(草帘、保温被等)。加强夏季修剪,减少无效梢叶的数量,通风透光。在阴天尤其是连续阴天时可采用碘钨灯等人工光源进行补光。

(四)气体管理技术

设施内气体管理主要是人工补充二氧化碳,需要在晴天上午 9 ~ 11 时,采用温室气肥增施装置进行补充二氧化碳施肥,适宜浓度为 800 ~ 1 000 毫克/千克。

三、花果管理技术

（一）保花保果

设施栽培核果类果树花量大，生产上采用简易授粉器进行人工授粉（图 8 – 17），也可用鸡毛掸子来代替。设施内的杏树授粉要多次进行，一般从初花至盛花末期要进行 3~5 次，以保证开花时间不同的花朵均能及时授粉。除了人工授粉外，还可通过蜜蜂进行授粉，提高坐果率。

图 8 – 17　授粉

（二）疏花疏果

为增加果实的单果重，提高果实的品质及整齐度，可采用萌芽前疏花芽，花芽萌发后至开花时再疏蕾或疏花，生理落果后再疏除小果、畸形果。在盛花期进行辅助授粉，在落花后半个月至硬核期以前进行疏果，先将病虫果、畸形果和小型果全部疏掉，再摘除过密果，使留下的果均匀地分布在果树上。疏果标准一般长果枝留 4~6 个果，中果枝留 2~3 个果，短果枝留 1 个果。

（三）促进果实上色

杏果实开始着色时，可采用摘叶、疏枝等措施，促进果实上色。摘叶、疏枝主要是摘除和疏除直接遮住果实的叶片和新梢，但处理不宜过重，以免过度减少光合有效叶面积，影响光合产物的积累，进而对果实膨大和花芽分化产生负面影响。果实近成熟期可在树下铺设反光膜,也可用条状反光膜挂在杏树行间,以增加反光量,提高果实的商品价值。

四、肥水管理技术

(一)秋施基肥

施用经过腐熟的农家肥料,幼树每株施猪粪尿 10 千克,或厩肥 20 千克。结果大树每株施猪粪尿 20 千克。

(二)花前追肥

开花前每亩施尿素 50~80 千克或硫酸铵 100~150 千克。

(三)花后追肥

杏树坐果后,喷布 1 次 0.3%~0.5%加氮磷酸二氢钾,间隔 15 天左右。对于采用膜下滴灌的可结合灌水通过水管加入肥料,间隔 15 天施加 1 次。

(四)采果后追肥

主要施用腐熟的猪粪尿、豆饼水、硫酸铵、尿素等速效性肥料。开沟或挖穴均可,施肥后浇水。

五、整形修剪技术

设施内的杏树通过整形修剪可以控制树冠,调整枝条密度,创造良好的通风透光条件,使桃树在有限的保护地空间内良好地生长与结果。

(一)树形

设施内栽培的杏树常用纺锤形。每株选留主枝 6~10 个,主枝长度为 1.0~1.5 米,不明显分层,水平着生。温室前部采取无主干的开心形(图 8-18),温室后部采取有主干的纺锤形(图 8-19),实现定干高度由南向北依次提高,树高为 1.5~2.5 米。

图 8-18 开心形

图 8 - 19　纺锤形

（二）整形修剪

扣棚以后，当新梢萌发生长达到 20 厘米时，及时摘心控制，对于直立生长的侧生枝在 8~9 月或第二年发芽前将其拉平，防止生长过旺而影响光照（图 8 - 20）。杏树第 1~2 年的修剪主要是短截主枝和侧枝的延长枝，促生分枝，增加枝量并保持主侧枝的继续延伸。修剪量以剪去 1 年生枝的 1/4~1/2 为宜，掌握"粗枝少剪，细枝多剪；长枝多剪，短枝少剪"的原则。对有二次枝的延长枝，可视其着生部位高低，在其前部或后部剪截。对非骨干枝，除及时疏去直立性竞争枝外，其余均予以较轻的短截，促其形成果枝或结果枝组。新梢生长初期，用 15% 多效唑 50 倍液蘸尖，7 月用 15% 多效唑 200 倍液喷布，可使枝条节间缩短，控制生长，并可增大果实。采用环剥和绞缢措施可缓和树势，提高坐果率。

图 8 - 20　疏梢前后对比

第七节　设施杏栽培病虫害管理

一、病害

(一)侵染性病害

1. **杏细菌性穿孔病**(图8-21)　杏细菌性穿孔病主要危害叶片和果实。叶片受害初呈水浸状小斑点,后扩大为圆形、不规则形病斑,呈褐色或深褐色,病斑周围有黄色晕圈。果实上病斑暗紫凹陷,周缘水浸状。潮湿时,病斑上产生黄白色黏分泌物。杏细菌性穿孔病防治措施是消灭越冬菌源,彻底剪除病、枯枝,清除树下落叶、落果,集中烧毁;加强果园管理,增强树势,多施有机肥,合理使用化肥,合理修剪,适当灌溉,及时排水;发芽前喷布4~5波美度石硫合剂或1:1:100波尔多液,落花后可每隔10天左右喷一次65%代森锌可湿性粉剂500倍液,或50%代森铵水剂1 000倍液,共喷3~4次。展叶后喷0.3~0.4波美度石硫合剂。5~6月喷硫酸锌石灰液1:4:240,用前最好做试验,以防药害;也可用65%代森锌可湿性粉剂500倍液。

图8-21　杏细菌穿孔病

2. **流胶病**(图8-22)　杏流胶病主要危害枝干和果实。枝干受侵染后皮层呈疣状突起,或环绕皮孔出现凹陷病斑,从皮孔中渗出流胶液。胶先为淡黄色透明,树脂凝结渐变为红褐色。以后皮层及木质部变褐腐朽,其他杂菌开始侵染。果实受害多在近成熟期发病,初为褐色腐烂状,逐渐密生黑色粒点,天气潮湿时有孢子角溢出。防治应加强栽培管理,增强树势,提高树体抗性;及时防虫,树干涂白减少树体伤口;休眠期刮除病斑后涂赤霉素402的100倍液或5波美度石硫合剂进行保护;生长季节结合其他病害的防治用75%百菌清800倍液、甲基硫菌灵可湿性粉剂1 000倍液,异菌脲可湿性粉剂1 500倍液,腐霉利可湿性粉剂1 500倍液喷布树体。

图 8 - 22　流胶病

3. 杏褐腐病

杏褐腐病主要危害花、叶、枝梢及果实。果实自幼果至成熟均可受害,接近成熟和成熟、贮运期受害最重。最初形成圆形小褐斑,迅速扩展至全果。果肉深褐色、湿腐,病部表面出现不规则的灰褐霉丛。以后病果失水形成褐色至黑色僵果。花器受害变褐枯萎,潮湿时表面生出灰霉。嫩叶受害自叶缘开始,病叶变褐萎垂。枝梢受害形成溃疡斑,呈长圆形,中央稍凹陷,灰褐,边缘紫褐色,常发生流胶,天气潮湿时,病斑上也可产生灰霉。杏褐腐病防治要结合冬剪剪除病枝病果,清扫落叶落果集中处理;芽前喷布 1 ~ 3 波美度石硫合剂,春季多雨和潮湿时花期前后用 50% 腐霉利 1 000 倍液;或苯来特 2 500 倍液;或甲基硫菌灵 1 000 倍液;65% 代森锌可湿性粉剂 500 倍液。

(二)非侵染性病害

1. 缺素症

(1)缺铁症　缺铁症又叫黄叶病。缺铁导致叶绿素的合成受阻,幼嫩叶片失绿,叶肉呈黄绿色,但叶脉仍为绿色。发病后期叶片小而薄,叶肉呈黄白色至乳白色,逐渐枯死脱落,甚至发生枯梢现象。可以在生长季叶面喷施 0.5% 硫酸亚铁矫正。

(2)缺锌症　缺锌症又叫小叶病。枝条下部叶片常有斑纹或黄化,新梢顶部叶片狭小或枝条纤细,节间短,小叶密集丛生,质地厚且脆。发病后期叶片从新梢基部向上逐渐脱落,果实小且畸形。可以在落花后 3 周,叶面喷施 0.2% 硫酸锌矫正。

(3)缺锰症　杏发生缺锰时表现为叶片上缘和叶脉间轻微缺绿,逐渐向主脉扩展,随后呈黄色。可以增施有机肥,花前喷 0.3% ~ 0.5% 硫酸锰溶液,连喷 2 次。

二、虫害

1. 蚜虫类(图 8 - 23)　蚜虫俗称蜜虫。群集于叶背面、嫩茎、生长点和花上,用

针状刺吸口器吸食杏树汁液,使细胞受到破坏,生长失去平衡,叶片向背面卷曲皱缩,心叶生长受阻,严重时植株停止生长。蚜虫防治的药剂为 2.5% 溴氰菊酯乳油 4 000~5 000 倍,50% 抗蚜威可湿性粉剂 1 000 倍液。

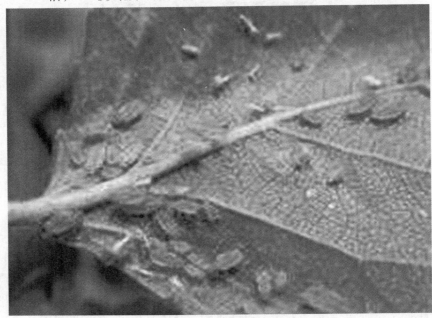

图 8 - 23 蚜虫

2. 桃潜叶蛾

桃潜叶蛾以幼虫潜叶危害杏树,在叶表可见弯曲的隧道,被害叶枯黄,早期脱落。秋季彻底清扫落叶、杂草,集中烧毁,以消灭越冬蛹或成虫。老熟幼虫吐丝做茧期、蛹期和成虫羽化初期是防治该虫的关键时期,喷药可杀死茧、幼虫、蛹及成虫。20% 氰戊菊酯 2 000 倍液、2.5% 溴氰菊酯乳油 3 000 倍液、20% 合扑菊酯 4 000 倍液均有良好效果。

3. 介壳虫

介壳虫以成虫或若虫固定在杏树枝干上,通过吸食汁液进行危害(图 8 - 24)。严重发生时,枝上介壳密布,造成死枝、死树现象。发芽前,喷 5% 重柴油乳剂或3.5% 煤油乳剂加合成洗衣粉 200 倍液。在第一代若虫孵化期和第一代雄虫羽化期,第二代若虫孵化期再喷药 1~2 次。喷洒药剂有 0.3 波美度石硫合剂,或 50% 辛硫磷乳油 1 000 倍液,或 90% 敌百虫 800

图 8 - 24 介壳虫

倍液。

4. 桃红颈天牛

桃红颈天牛主要以幼虫危害杏树枝干(图8-25)。在枝干蛀洞,并在洞口排出粪便,最终导致枝干死亡。成虫出现期,利用午间尤其是雨后成虫静息于枝条的习性,进行人工捕捉。向粪便孔塞入56%磷化铝药片;注射药、水比为1:1的药液0.5毫升;树干喷药杀卵及初孵化幼虫,可用50%杀螟松乳油800倍液、25%西维因可湿性粉剂800倍液。注意采收前半个月内禁止使用农药。

图8-25 桃红颈天牛